T0281567

W. Janni

K. Friese

Publizieren, Promovieren – leicht gemacht

Step by Step

W. Janni
K. Friese

Publizieren, Promovieren – leicht gemacht

Step by Step

Mit 17 Abbildungen

Priv.-Doz. Dr. med. Wolfgang Janni
I. Frauenklinik, Klinikum Innenstadt
Ludwig-Maximilians-Universität
Maistraße 11
80337 München

Prof. Dr. med. K. Friese
I. Frauenklinik, Klinikum Innenstadt
Ludwig-Maximilians-Universität
Maistraße 11
80337 München

ISBN 978-3-540-21246-1 ISBN 978-3-642-18828-2 (eBook)
DOI 10.1007/978-3-642-18828-2
Bibliographische Information der Deutschen Bibliothek
Die Deutsche Bibliothek verzeichnet diese Publikation in der Deutschen Nationalbibliographie; detaillierte bibliographische Daten sind im Internet über *http://www.dnb.ddb.de* abrufbar.

Ursprünglich erschienen bei Springer-Verlag Berlin Heidelberg New York 2004

Planung: E. Narciß, Heidelberg
Desk Editing: L. Weber, Heidelberg
Herstellung: R. Schöberl, Würzburg
Umschlaggestaltung: deblik Berlin
Satz und Reproduktionen der Abbildungen: Fotosatz-Service Köhler GmbH, Würzburg
Gedruckt auf säurefreiem Papier SPIN 10990247 106/3160/wb – 5 4 3 2 1 0

Vorwort

›Die Grenze des Machbaren
ist nur in kleinen Schritten erreichbar.
Je näher ich dieser Grenze komme,
um so kleiner müssen die Schritte sein.‹
Reinhold Messner

Warum publizieren? Während gewisse narzisstische Persönlichkeitszüge wohl bei jedem erfolgreichen Autor zu finden sind, so ist es meist doch die bloße Notwendigkeit, die uns dazu treibt. Zum einen wäre ohne publizistischen Austausch von Forschungsergebnissen der sich immer schneller und globaler entwickelnde Fortschritt nicht möglich. Und zum anderen ist Publikationsaktivität der vielleicht nicht wichtigste, aber offensichtlichste Gradmesser für erfolgreiche Wissenschaft. Wer anderen seine Ergebnisse nicht öffentlich und zugänglich mitteilt, existiert für die große Mehrheit der Wissenschaftsgemeinde einfach nicht. Hart, aber herzlich formulieren unsere angelsächsischen Kollegen nicht zu unrecht: ***Publish or perish.***

Dieses Buch soll nicht dazu behilflich sein, unwichtige Inhalte so geschickt zu verpacken, dass sie den Sprung auf gedrucktes Papier schaffen. Es soll vielmehr Einsteigern in die Welt des medizinischen Publizierens in komprimierter Form jene Ausrüstung an die Hand geben, mit der der anstrengende Weg zur ersten Veröffentlichung oder zur Dissertation nicht weniger herausfordernd, sondern besser begehbar wird. Wir haben in diesem Buch unsere Erfahrungen aus der jahrelangen Betreuung von jungen KollegInnen und DoktorandInnen zusammengefasst, und versucht, diese möglichst genau und praxisnah auf den Punkt zu bringen. Durch dieses Buch wird niemand zum ***Opinion Leader*** seines Fachgebietes heranreifen. Dieses Buch kann aber hoffentlich wertvolle Tipps für den Einstieg geben, und helfen, den gefürchteten ›*writers block*‹ zu überwinden. Die übrigen Zutaten zum publizistischen Erfolg – Innovation, Integrität, und vor allem intrinsische Motivation – muss der Leser dann selbst beitragen.

Wir wünschen allen Lesern die nötige Ausdauer, und schließlich auch jenes Quäntchen Glück, ohne das man auch in der Wissenschaft nicht auskommt.

München, im August 2004
W. Janni, K. Friese

Inhaltsverzeichnis

Publish or Perish – Basics des medizinischen Publizierens

1.1 *Ich weiß etwas, was du nicht weißt –* Strukturen des medizinischen Wissenstransfers

Jeder praktizierende Mediziner kennt diese Situation: In der Sprechstunde sitzt die Inkarnation des mündigen Patienten vor dir und du bist plötzlich konfrontiert mit den ›neuesten Erkenntnissen aus den USA‹. »Herr Doktor, was halten Sie eigentlich von dem neuen Medikament ***Wondermed***, welches gerade in den USA getestet wird?«. Gewöhnlich kritzelt man mit schweißnassen Händen irgendetwas auf einen Notizblock der pharmazeutischen Industrie, versucht, sich mit einem betont gelassen vorgebrachten ***›es ist noch zu früh für endgültige Schlussfolgerungen‹*** über das Kompetenzglatteis hinweg zu stehlen und sehnt sich nach dem Ende der transpirationsfördernden Bedrängnis. Nachdem der Patient mehr oder weniger zufrieden gestellt die Sprechstunde wieder verlassen hat, preist man die Vorzüge der modernen Informationsgesellschaft und seufzt über das eingeläutete Ende des Wissensmonopols von Ärzten.

In der Tat, jene Zeiten, in denen wissenschaftliches und medizinisches Wissen in handgeschriebenen lateinischen Büchern nur einem sehr begrenzten Personenkreis zugänglich war, sind lange vergangen. Patienten, interessierten Laien und Ärzten steht eine ganze Bandbreite von elektronischen und gedruckten Medien zur Verfügung, um an eine fast unüberschaubare Vielfalt von Detailwissen zu gelangen. Nicht mehr der Zugang zu Information, wie er früher Jesuitenpatern und anderen Glücklichen zuteil wurde, ist der Schlüssel zur Kompetenzsteigerung, sondern vielmehr die ***Auswahl*** und die ***Einschätzung*** von ***Informationen.*** Wer die Strukturen des medizinischen Wissenstransfers nicht kennt, gelangt schnell an Informationen, die durch ihren Mangel an Relevanz und Seriosität ohne echte Bedeutung für die Krankenversorgung sind. Die fast täglich von der Regenbogen- und Boulevardpresse berichteten Durchbrüche in der Heilung von Krebs und AIDS sind hierfür besonders unrühmliche Beispiele.

Welchen Weg gehen nun neue medizinische Kenntnisse, bis sie schließlich (meist unvorstellbar viel später) als allgemein anerkannte

Horst Haitzinger/CCC, www.c5.net

›***State of the Art***‹ in Lehrbuchgranit gemeißelt werden? Nehmen wir einmal an, das Mühen um wissenschaftlichen Ruhm wurde mit Erfolg belohnt, und die unzähligen Stunden abendlicher und nächtlicher (selbstverständlich unbezahlter) Laborarbeit nach Dienst haben dazu geführt, ein völlig neues Protein im Blut nachzuweisen, welches das Ansprechen eines bestimmten Medikamentes auf eine wichtige Krankheit voraussagt. Groß wäre nun die Verlockung, direkt an die Laien- oder Fachpresse heranzutreten und sich publicity-trächtige Lorbeeren auf das müde Haupt setzen zu lassen. Ein solches Vorgehen würde von der ›wissenschaftlichen Gemeinde‹ zu Recht als unseriös bewertet. Denn, was wenn ein, selbstverständlich ungewollter, Fehler zu falschen Forschungsergebnissen geführt hat? Und, vielleicht hat ja schon jemand, ohne dass wir es wissen, das Protein lange zuvor isoliert? Oder, das Protein ist nur ein indirekter Indikator für einen schon lange bekannten prädiktiven Faktor? Schließlich könnte es trotz aller Euphorie ja sein, dass die neuen Erkenntnisse bei weitem nicht so revolutionär sind, wie sie im nächtlichen Laborlicht erschienen.

Kurzum, wissenschaftliche Resultate bedürfen einer wissenschaftlichen Qualitätskontrolle, bevor sie allgemein als neue Erkenntnisse akzeptiert werden. Diese Qualitätskontrolle findet meist in Form wissenschaftlicher Diskussion statt, die verschiedene Foren kennt. Der erste und auch ***zeitnächste*** Schritt ist im Allgemeinen die Vorstellung der Ergebnisse auf einem nationalen oder internationalen wissenschaftlichen ***Kongress***.

Die Intention dieser Kongresse ist (oder sollte sein) genau jene geforderte kritische Auseinandersetzung mit neuen Resultaten. Die Vielzahl der anerkannten oder selbsternannten Experten soll die Ergebnisse einer konstruktiven Kritik aussetzen, die Stärken und Schwächen der neuen Resultate erkennen lassen.

Solche Kongresse finden regelmäßig zu allen Fachgebieten auf regionaler, nationaler, europäischer und internationaler Ebene statt. Sie bieten in aller Regel die Möglichkeit, durch freie Beiträge in Form von ***Vorträgen*** oder ***Posterpräsentationen*** neue wissenschaftliche Ergebnisse der Fachöffentlichkeit vorzustellen. Während so genannte ›geladene Vorträge‹, die von den Kongressverantwortlichen ausschließlich an arrivierte Experten vergeben werden, die Aufgabe haben, meist in Plenumssitzungen einen Überblick über den Stand des bisher gesicherten Wissens zu vermitteln, bieten die freien Beiträge die Möglichkeit, Neuigkeiten aus praktisch allen Teilgebieten zu berichten.

Ungeachtet seines Ausbildungsstandes, seines akademischen Grades und seines individuellen Berühmtheitsstatus kann jeder innerhalb einer festgesetzten zeitlichen Frist für einen Kongress ein ***Abstrakt einreichen***, in dem er in kurzen Worten (meist maximal 200 Wörter), einem bestimmten Schema folgend, seine Ergebnisse zusammenfasst (Hinweise zum Erstellen eines Abstraktes finden sich auch im Kapitel 2.1). Eine Kommission, die sich aus Experten verschiedener Teilgebiete des Fachgebietes zusammensetzt, hat dann die Aufgabe, die Abstraktes nach möglichst objektiven Qualitätskriterien zu beurteilen und darüber zu entscheiden, ob der Beitrag für so wichtig erachtet wird, auf dem Kongress in Form eines Vortrages (meist bei qualitativ hochwertigeren Abstraktes) oder einer Posterpräsentation vorgestellt zu werden. Die Diskussion, die in der Regel – mehr oder weniger lebhaft, mal konstruktiver, mal neidbehafteter – dem Beitrag folgt, ist ein erster Härtetest für die wissenschaftlichen Ergebnisse und vermitteln dem Vortragenden oft ein ganz gutes Gespür dafür, ob seine Ergebnisse wirklich so sensationell sind und auf welche Schwächen er bei der Interpretation zu achten hat (vgl. auch Kapitel 2.1). Freilich lässt ein siebenminütiger Vortrag, gefolgt von einer noch kürzeren Diskussion, keine allzu detaillierte Auseinandersetzung mit der vorgetragenen wissenschaftlichen Arbeit zu.

Der nächste Schritt sollte die schriftliche Veröffentlichung in einer ***Fachzeitschrift*** sein, also eine ***Originalpublikation***. Eine schier unübersehbare Masse an Zeitschriften bietet sich heute als Forum für die Schriftfassung neuer wissenschaftlicher Ergebnisse und zur Erlangung wissenschaftlichen Ruhmes. Auch hier darf jeder – theoretisch vom Pförtner bis zum Ordinarius – etwas einreichen.

Die interne Qualitätskontrolle soll die geneigten Leser der Fachzeitschriften davor schützen, wissenschaftlichen Müll konsumieren zu müssen. Zunächst entscheidet der Editor oder einer seiner Vertreter, ob das Manuskript überhaupt für eine Veröffentlichung denkbar wäre. Besonders schlechte oder für die Ausrichtung der Zeitschrift unpassende (böse Zungen behaupten, auch unbequeme) Manuskripte werden postwendend mit einem freundlichen Schreiben an den Verfasser zurückgesandt. Manuskripte, die dem Editor grundsätzlich interessant erscheinen, werden der Begutachtung durch externe Experten unterzogen (so genanntes ***peer review Verfahren***). Diese Gutachten entscheiden darüber, ob ein Manuskript unverändert, bzw. nach kleineren oder größeren Änderungen oder überhaupt nicht in der Fachzeitschrift abgedruckt wird.

Die Veröffentlichung von wissenschaftlichen Ergebnissen wird meist als Voraussetzung dafür gesehen, dass diese von der wissenschaftlichen Gemeinde ernst genommen werden, vergleichbar mit der Approbation zum Arzt. Dieser Vergleich macht freilich schon deutlich, dass die Veröffentlichung in einer Fachzeitschrift keine Garantie für die Hochwertigkeit einer wissenschaftlichen Arbeit ist, ähnlich wie die

Approbation alleine niemanden zu einem Sauerbruch oder Semmelweiß macht. Aber immerhin haben die Ergebnisse einem mehr oder minder harten Begutachtungsverfahren standgehalten und stehen nun einer breiten, via Medline und Internet sogar weltweiten Öffentlichkeit zur Diskussion zur Verfügung.

Täglich erscheinen weltweit tausende von medizinischen Originalarbeiten, meist in englischer Sprache, die selbst für ein klar definiertesTeilgebiet der Medizin nicht mehr zu überblicken sind. ***Suchmaschinen*** wie Medline, die in der Regel über das Internet verfügbar sind, oder ***Übersichtsartikel*** (review article) erleichtern es den Lesern, schnell und effizient einen Überblick über den gegenwärtigen Stand der Forschung zu erlangen. Die meisten Fachzeitschriften widmen einen Artikel pro Ausgabe einer solchen Übersicht, deren Güte mit dem Anspruch der entsprechenden Fachzeitschrift korreliert. Der Editor bittet hierfür einen internationalen oder nationalen Experten zu dem Fachthema eine solche Übersicht zu verfassen, in dem Vertrauen, dass dieser Experte alle verfügbaren und relevanten Originalartikel in seinem Übersichtsartikel berücksichtigt und zitiert. Zuweilen entspringen solche Übersichtsartikel auch einem »Konsensustreffen« mit dem Ziel, alle relevanten, gesicherten Kenntnisse zu einem bestimmten Thema zu sichten, zu bewerten und zusammenzufassen. Übersichtsartikel in sehr guten Fachzeitschriften bieten somit die Möglichkeit, in komprimierter Form über den aktuellen Stand der Forschung in einem Fachgebiet informiert zu werden. Andererseits bergen sie aber auch Risiken, da bei Übersichten meist kein oder nur ein rudimentäres Peer Review Verfahren durchgeführt wird.

Risiken bei Übersichtsartikeln

- aus alten, schlecht recherchierten Beiträgen des Verfassers zusammenkopiert
- bereits zum Zeitpunkt der Drucklegung inkomplett und nicht mehr aktuell

Die ***Rolls Royce*** unter Kumulativarbeiten – ***Metaanalysen*** – folgen einem eigenen statistischen Verfahren und analysieren die Ergebnisse von allen bis dato verfügbaren Originalarbeiten. Solche Metaanalysen sind besonders dann hilfreich, wenn widersprüchliche Studienergebnisse zu einem bestimmten Thema existieren, und man sich Haare raufend die Frage stellt, wer denn nun Recht hat. Sauber durchgeführte Metaanalysen berücksichtigen nicht nur alle weltweit verfügbaren Daten (auch jene, die nicht in Fachzeitschriften veröffentlicht wurden), sondern bewerten diese auch und kommen so zu einer mehr oder minder verlässlichen Aussage. Der Aufwand für die Durchführung einer Metaanalyse ist freilich hoch, was dazu führt, dass sie nur vereinzelt zur Verfügung stehen.

Mit meist ziemlich langen Verzögerungen halten wissenschaftliche Ergebnisse dann Einzug in die einschlägigen Buchkapitel. Diese ***Buchkapitel*** werden häufig von akademischen Vertretern eines Faches geschrieben, die ***›einen Namen‹*** besitzen und damit die Verkaufszahlen des Lehrbuches steigern. In aller Regel (Ausnahmen bestätigen auch hier die Regel und sind gar nicht so selten) haben diese Fachvertreter nicht von ungefähr ihre Berühmtheit erlangt, so dass man in den meisten Fällen – basierend auf jahrzehntelanger Expertise – von einem hohen qualitativen Niveau solcher Lehrbuchkapitel ausgehen kann. Andererseits sind diese Personen meist so sehr anderweitig beschäftigt, dass ihnen für das Verfassen oder die Revision von Lehrbuchkapiteln häufig viel zu wenig Zeit bleibt, worunter die Aktualität dieser Kapitel leidet. Dieser Umstand zusammen mit der langen Vorlaufzeit, die Verlage bis zum tatsächlichen Erscheinen des Lehrbuches benötigen (manchmal beträgt diese Jahre), führt dazu, dass man hinsichtlich der Aktualität keine allzu hohen Ansprüche an ein Lehrbuchkapitel stellen darf. Aber als Einstieg in eine Thematik eignen sie sich in der Regel sehr gut.

Zum El Dorado für jede Form von Information ist das ***Internet*** geworden. Der unbestreitbare Vorteil dieses Mediums liegt in seiner nicht zu überbietenden Aktualität und Verfügbarkeit. Eine Information, die im Moment ins Internet eingespeist wird, ist fast augenblicklich global abrufbar. Allerdings muss man sich intellektuell warm anziehen, wenn man die Regeln dieses Mediums nicht beherrscht. Während eine Fülle von ***sehr seriösen Websites*** existieren (wie denen der National Library of Medicine, des Centers of Disease Control, des National Cancer Institutes, der American Medical Association oder der American Society for Clinical Oncology, um nur einige Beispiele zu nennen), gibt es eine noch viel größere Vielzahl von Anbietern, deren Qualitätsansprüche primär kaum ersichtlich sind. Eine umfassende Qualitätskontrolle gibt es für das Medium Internet nicht, so dass man lediglich auf den Anspruch der Organisation vertrauen kann, die hinter der Website steht. Um sich schnell und verlässlich über einen medizinischen Sachverhalt zu informieren, ist das Internet generell der falsche Ort, außer man weiß genau, wo man suchen muss.

Die verlässlichsten Orte aber, um fehlgeleitet zu werden, sind ***Tageszeitungen*** oder pseudowissenschaftliche ***Regenbogenmagazine***. Während hinter dem Wissenschaftsteil so mancher großer Tageszeitung oder seriöser Wochenmagazine eine einigermaßen solide Recherche steckt, muss man den Artikeln in farbenfrohen Blättern meist ein vernichtendes Zeugnis ausstellen. Man bedenke, dass ein und derselbe Redakteur in der einen Woche über den Wert der Hormonersatztherapie und in der nächsten Woche schon über die Gefährlichkeit des Bluthochdrucks zu berichten hat. Zwischendurch ist er damit beschäftigt, die Kolumne für die Partnerberatung zu schreiben oder Ratschläge für die Pflege von Balkongeranien zu geben. Das ***wissenschaftliche Niveau*** solcher redaktionellen Produkte kann selbst bei großem Bemühen des betreffenden Redakteurs ***nicht überzeugend*** sein. Diese Tatsache ist bemerkenswert, da ein großer Teil der Bevölkerung den überwiegenden Teil seines medizinischen Wissens aus eben solchen Artikeln schöpft. Beziehen sich die Artikel auf allgemein anerkannt und unstrittige Aussagen, werden sie ihrem didaktischen Anspruch freilich gerecht und sollten von der wissenschaftlichen Gemeinde nicht grundlegend mit Hochmut verurteilt werden. In die Gattung der wissenschaftlichen Publikationen dürfen sich solche Artikel allerdings nur selten reihen, auch wenn die großen Verlagshäuser preisgünstiger Boulevardpublikationen das anders sehen mögen.

Horst Haitzinger/CCC, www.c5.net

1.2 *Spurensuche im Dickicht der Daten* – Strategien der Literatursuche

Aller Anfang ist schwer, und das gilt besonders für das medizinische Publizieren. Man stelle sich vor, man hat sein bisheriges Leben in einer kleinen schwäbischen Kleinstadt verbracht und beschließt nun, die weite Welt zu bereisen. Es muss schon etwas Aufregendes sein, und so wählt man Indien als Reiseziel. Nach einem anstrengenden Flug spuckt einen das Taxi mitten in Bombay aus. Sehr schnell wird sich nun zeigen, ob man richtig vorbereitet ist: Ob man von allerlei Geräuschen und Gerüchen verwirrt durch die Straßen irrt oder zielstrebig und wissend, wonach man sucht, den Weg einschlägt, der zum ersehnten Hotel führt. Ganz ähnlich verhält es sich mit der Suche nach relevanten medizinischen Artikeln zu einem ganz spezifischen Thema. Nur: Im Vergleich zur Fülle der medizinischen Publikationen dürfte Bombay eher einem oberbayerischen Dorf gleichen.

Es steht uns eine Reihe von ***Suchmaschinen*** zur Verfügung, um zu einem bestimmten Begriff passende Fachartikel zu finden. Basis dieser Suchmaschinen sind immer Indizes wie der ***Index Medicus***, ***Medline*** oder ***Embase***, die ein großes Spektrum von internationalen Fachzeitschriften führen. Die Fachzeitschriften liefern regelmäßig die Referenzdaten zu allen in den Zeitschriften erscheinenden Artikeln an die Datenbanken der Indizes, die diese dann durch Suchmaschinen der Öffentlichkeit zur Verfügung stellen. Bei uns wird am häufigsten die Suchmaschine der National Library of Medicine, Washington D.C., USA, verwendet, die von Deutschland aus problemlos und ohne vorherige Anmeldung über die Internetadresse ***http://www.pubmed.org*** zu erreichen ist.

Über das PubMed System findet man Zugang zu Literaturangaben und Abstrakts von Artikeln aller international bedeutender Fachzeitschriften, darunter auch vieler deutscher. Wenn nicht weiter spezifiziert, führt die Suche nach eingegebenen Begriffen in verschiedene Sparten der Literaturangaben, wie zum Beispiel der Autorenlisten, der Titel und der ***Key Words*** (Schlüsselwörter). Es ist möglich, sie durch bestimmte ***Restriktionen*** einzuschränken wie etwa durch die Sprache des Artikels, dem Zeitraum des Erscheinens oder dem Typ des Artikels (Originalartikel, Übersichtsartikel). Mehrere Begriffe können durch die logischen Operanden ›***and***‹ und ›***or***‹ bei Bedarf kombiniert werden. Zunächst sollte man die Suche möglichst allgemein beginnen, wird aber schnell feststellen, dass die Anzahl der gefundenen Artikel bei weitem die Möglichkeiten der Durchsicht sprengt. Sucht man beispielsweise nach Brustkrebs und gibt den Suchbegriff ›breast neoplasm‹ ein, so findet die Suchmaschine über 100.000 verschiedene Artikel, deren Durchsicht die zeitlichen Möglichkeiten selbst passioniertester Senologen sprengen dürfte.

Gefragt ist also eine ***Einengung der Suche.*** Durch die ›and‹ Verknüpfung lässt sich meist schnell der Umfang der gefundenen Artikel reduzieren. Häufig muss man mit mehreren englischen Suchbegriffen spielen, da verschiedene Autoren unterschiedliche Termini verwenden, obwohl sie dasselbe meinen. Man versucht durch ***Hinzufügen*** und ***Weglassen*** von ***Suchbegriffen*** und ***wild cards*** (meist ›*‹) jene Artikel ›einzukreisen‹, die einem für das eigene Thema interessant erschei-

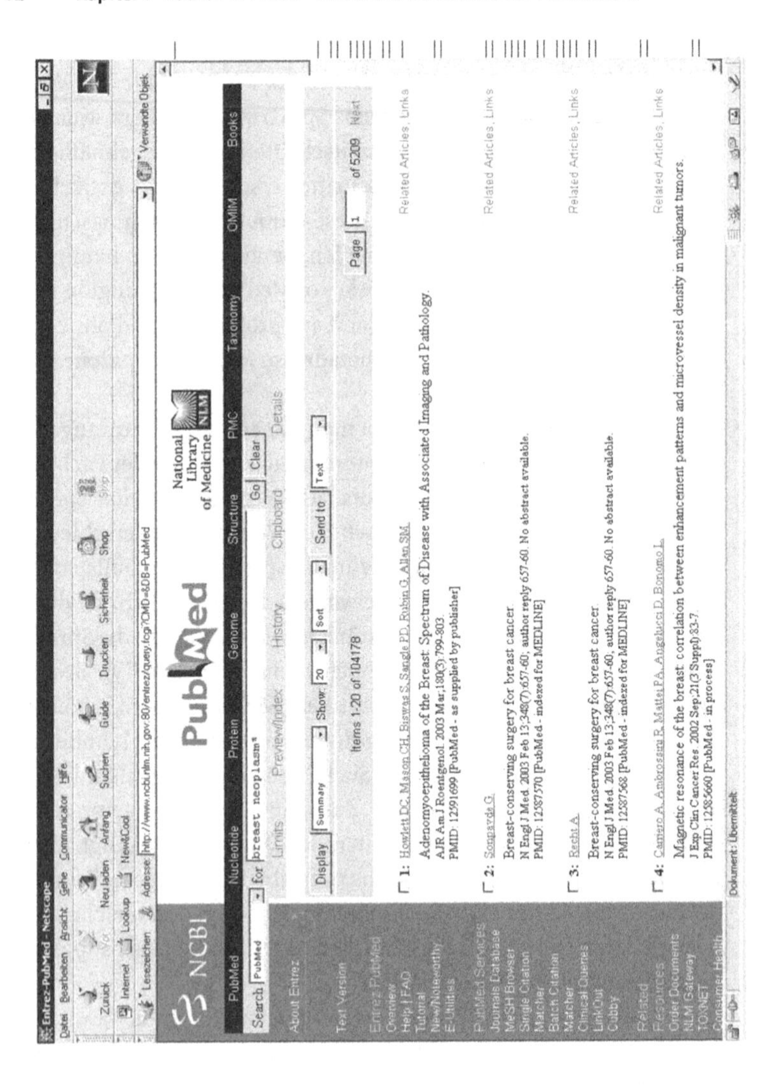
Entrez-PubMed - Netscape
Datei Bearbeiten Ansicht Gehe Communicator Hilfe
Zurück Vor Neu laden Anfang Suchen Guide Drucken Sicherheit Shop Stop
Internet Lookup New&Cool
Lesezeichen Adresse: http://www.ncbi.nlm.nih.gov:80/entrez/query.fcgi?CMD=&DB=PubMed
Verwandte Objek
NCBI
PubMed
National Library of Medicine NLM
PubMed Nucleotide Protein Genome Structure PMC Taxonomy OMIM Books
Search PubMed for breast neoplasm* Go Clear
Limits Preview/Index History Clipboard Details
About Entrez
Text Version
Entrez PubMed
Overview
Help | FAQ
Tutorial
New/Noteworthy
E-Utilities
PubMed Services
Journals Database
MeSH Browser
Single Citation Matcher
Batch Citation Matcher
Clinical Queries
LinkOut
Cubby
Related Resources
Order Documents
NLM Gateway
TOXNET
Consumer Health
Display Summary Show: 20 Sort Send to Text
Items 1-20 of 104178
Page 1 of 5209 Next
1: Howlett DC, Mason CH, Biswas S, Sangle PD, Rubin G, Allan SM.
Related Articles, Links
Adenomyoepithelioma of the Breast: Spectrum of Disease with Associated Imaging and Pathology.
AJR Am J Roentgenol. 2003 Mar;180(3):799-803.
PMID: 12591699 [PubMed - as supplied by publisher]
2: Sonpavde G.
Related Articles, Links
Breast-conserving surgery for breast cancer.
N Engl J Med. 2003 Feb 13;348(7):657-60; author reply 657-60. No abstract available.
PMID: 12587570 [PubMed - indexed for MEDLINE]
3: Recht A.
Related Articles, Links
Breast-conserving surgery for breast cancer.
N Engl J Med. 2003 Feb 13;348(7):657-60; author reply 657-60. No abstract available.
PMID: 12587568 [PubMed - indexed for MEDLINE]
4: Carriero A, Ambrossini R, Mattei PA, Angelucci D, Bonomo L.
Related Articles, Links
Magnetic resonance of the breast: correlation between enhancement patterns and microvessel density in malignant tumors.
J Exp Clin Cancer Res. 2002 Sep;21(3 Suppl):83-7.
PMID: 12585660 [PubMed - in process]
Dokument: Übermittelt

nen. Die Kunst liegt hierbei darin, auf der einen Seite die Suche nicht zu sehr einzugrenzen, um der Gefahr zu entgehen, einen wichtigen Artikel zu übersehen, und andererseits die Anzahl der zu sichtenden Artikel auf ein überschaubares Maß zu minimieren.

Ist man bei einer Anzahl von ca. 50 – 250 Artikel gelandet, empfiehlt es sich im nächsten Schritt, Titel und publizierende Zeitschrift jedes einzelnen Artikels zu betrachten. Meist lässt sich anhand der ***Überschrift*** des ***Artikels*** schon ***beurteilen***, ob er für das betreffende Thema von Bedeutung sein könnte. Ferner dürfte ein Artikel in englischer Sprache dem Suchenden im Allgemeinen größere Dienste leisten als einer in chinesischer oder japanischer Sprache. Natürlich zählt auch ein Artikel aus einem hochrangigen Journal (vgl. Kapitel 1.5) sicher mehr als einer aus dem Northwestern Siberian Medical Journal. Von allen Artikeln, die einem interessant erscheinen, sollte man den dazugehörigen ***Abstrakt lesen***, der zum Beispiel in PubMed durch einfaches Anklicken des Titels einsehbar wird. Dadurch sollte schnell klar werden, ob der Artikel hinsichtlich Fragestellung, Methodik und Schlussfolgerung für die eigene Arbeit hilfreich ist. Alle Artikel, welche die eigenen, selbst definierten Qualitätskriterien erfüllen, sollten innerhalb der Suchmaschine markiert werden. Diese ***Markierungen*** (in PubMed beispielsweise durch das einfache Setzen von Häkchen) ermöglichen es, die gekennzeichneten Artikel herunterzuladen, das heißt, die Ergebnisse der mühsamen Suche auf die Festplatte oder auf ein Wechselmedium zu speichern. Die so entstandene Datei wird zur ***Basis*** für das ***Anlegen*** einer ***Literaturdatenbank*** (vgl. Kapitel 1.3). Aus zwei wichtigen Gründen sollte die Menge der in der ersten Suchrunde herausgefilterten Artikel die Zahl 15 bis 20 nicht überschreiten. Zum einen besteht der nächste Schritt darin, einen Gutteil der herausgesuchten ***Artikel in voller Länge*** inklusive der Literaturverzeichnisse zu ***lesen***, was bei einer Anzahl von 100 Artikeln selbst den integersten Nachwuchswissenschaftler für den Anfang überfordern wird. Zum anderen steht man ja erst am Anfang der Literatursuche, erfahrungsgemäß verdreifacht sich die Anzahl der verwendeten Artikel bis zum Abschluss der Arbeit und würde damit ein überschaubares Maß deutlich übersteigen.

Um die Übersicht über die neuen publizistischen Fundstücke zu erleichtern und die Auswahl zu strukturieren, sollte man die Artikel in einem nächsten Schritt mit einer ***Prioritätenwertung*** versehen. Die ***Kategorie I*** wird jenen Artikeln verliehen, die für das eigene Thema von großer Bedeutung sind, in hochrangigen Fachzeitschriften erschienen und in einer für den Suchenden verständlichen Sprache verfasst sind, sowie eine akzeptable Aktualität aufweisen (bei den meisten medizinischen Sachverhalten gilt heute schon ein Artikel als verstaubt, der älter ist als fünf Jahre). Diese Artikel sollte man sich ausnahmslos als ***Volltext beschaffen*** und tatsächlich in gesamter Länge zu Gemüte führen.

Das wird dadurch erleichtert, dass die Beschaffung von Artikeln hochrangiger Journals meist sehr viel einfacher ist als die von weniger verbreiteten. Viele Universitäten bieten zwischenzeitlich den Zugang zu den Volltextdokumenten über das Intranet an (als html- oder pdf-Dateien), da das Abonnement von Fachzeitschriften zunehmend mit dem Online-Zugang verknüpft ist. Es lohnt sich auf jeden Fall, mit der Bibliothek der entsprechenden Universität diesbezüglich Kontakt aufzunehmen, bevor man zeit- und manchmal auch kostenintensiv die Artikel über einen Literaturservice bestellt oder sich selbst an die Kopiermaschine stellt. Meist sind die Bibliothekare in den medizinischen Bibliotheken über den effizientesten Weg zur Artikelbeschaffung gut informiert.

In ***Kategorie II*** sollten sich jene Artikel einreihen, die die oben genannten Kriterien nicht ganz erfüllen und weniger interessant erscheinen. Man sollte sich den Volltext dieser Artikel dann beschaffen, wenn dies einfach möglich ist oder dies zu einem späteren Zeitpunkt notwendig erscheint. In ***Kategorie III*** tauchen jene Artikel auf, die man zwar im Blickfeld behalten sollte, gegebenenfalls auch zitieren möchte, deren komplettes Studium derzeit aber nicht unbedingt nötig erscheint.

Die nächste Runde bei der Literatursuche wird gewöhnlich durch das ***genaue Studium*** der Artikel der Kategorie I eingeläutet. Ein aktueller Artikel aus einem hochrangigen Journal, der sich genau mit dem betreffenden Thema auseinandersetzt, kann dabei willkommen wie Goldstaub sein. Denn welcher Autor eines Artikels im New ***England Journal of Medicine*** oder im ***Nature Medicine*** möchte sich die Blöße geben, einen wirklich bedeutsamen Artikel nicht zu berücksichtigen, der sich mit demselben Thema beschäftigt? Man kann also davon ausgehen, im Literaturverzeichnis solcher Artikel eine bis zum Zeitpunkt der Recherche ziemlich vollständige Aufreihung der relevanten Konkurrenzartikel zu finden. Als ***Anhaltspunkt*** für die ***Aktualität der Literaturrecherche*** gilt grob das Datum des Einreichens an die Zeitschrift, welches bei fast allen Artikeln an irgendeiner Stelle (meist am Anfang) zu finden ist. Für die Durchsicht des Literaturverzeichnisses eines ›Referenzartikels‹ sollte man mit Unterstützung der über Medline eingesehenen Abstrakts dasselbe »Kategorienauge« werfen, welches schon bei der Primärsuche blinzelte. Für die besten der so erzielten Ergebnisse gilt wieder, dass man sich diese in Volltext besorgen und durch deren Studium den Kreis der Artikel zentrifugal erweitern sollte.

Eine beachtliche Hilfe bei der Literatursuche können auch ***Übersichtsartikel*** sein, für die allerdings die schon im Kapitel 1.1 genannten Einschränkungen gelten. Ein schlecht recherchierter Übersichtsartikel kann genauso irreführend sein wie eine oberbayerische Fahrradkarte im afrikanischen Dschungel, während eine erstklassige Übersichtsarbeit in der Regel nicht nur über ein ausgedehntes Literaturverzeichnis mit einer dreistelligen Anzahl von Originalarbeiten verfügt, sondern diese Artikel auch im Textkörper wertet und in gegenseitigen Zusammenhang stellt. Generell gilt also, dass man von Übersichtsarbeiten in minderwertigen Fachzeitschriften eher die Finger lassen sollte, während einem jene aus den Flaggschiffen der medizinischen Publizistik oft viele Stunden Sucharbeit im Medline ersparen können.

Man sollte die ***Literatursuche***, die am Anfang eines Artikels, ja eigentlich einer jeden wissenschaftlichen Arbeit stehen sollte, als eine sinnvolle und letztlich auch zeitsparende Investition in die spätere Arbeit betrachten. Wer hier zu oberflächlich arbeitet, den bestraft das (wissenschaftliche) Leben nicht selten dadurch, dass nach abgeschlossenem Experiment klar wird, dass ein weiterer Parameter noch ganz wichtig gewesen wäre, oder die Begutachtung des Artikels offen legt, dass ein entscheidender, bereits in der Literatur diskutierter Aspekt, bei der eigenen Arbeit völlig außer acht gelassen wurde.

1.3 *Handarbeit unerwünscht* – Der Umgang mit Literaturdatenbanken

Die Zeiten ändern sich: Wie beschwerlich hatte Goethe, unser aller Vorbild eines reisenden Publizisten, noch durch unser Land reisen müssen und verbrachte Tage um Tage in einer hart gefederten und wackeligen Reisekutsche. Heute braust man mit zehnfacher Geschwindigkeit im ICE oder gar noch schneller im Flugzeug durch die Republik. Goethe würde neidisch oder fasziniert den Kopf schütteln.

Ähnlich verhält es sich mit zwei Notwendigkeiten beim Erstellen von wissenschaftlichen Arbeiten, die unsere forschenden Väter so manche graue Haare gekostet haben: der ***statistischen Auswertung*** und dem ***Erstellen von Literaturverzeichnissen.*** Auch wenn beides noch heute so manches Magenulkus verursachen könnte, stehen uns dafür nun elektronische Hilfen zur Verfügung, die uns das Leben um ein Vielfaches erleichtern. Ein ganz besonderer Segen sind ***Literaturverwaltungsprogramme***, ohne die das Verfassen von wissenschaftlichen Artikeln heute ebenso unmöglich erscheint, wie ohne das selbstverständliche gewordene Werkzeug der Textverarbeitungsprogramme.

Die Integrität von wissenschaftlichen Arbeiten lebt von der ***Reproduzierbarkeit*** ihrer ***Ergebnisse*** und ***Aussagen.*** Grundsätzlich kann man alles behaupten, solange man gute Gründe dafür anführen kann. Würde man also in einem Artikel postulieren wollen, dass die tägliche Einnahme eines Esslöffels Brause lebensverlängernd wirkt und man deshalb eine randomisierte Studie mit Brausetabletten durchführt, so müsste man diese Behauptung durch wenigstens eine ***Literaturstelle belegen.***

Weil im Text das Nennen aller notwendigen Angaben (Autoren, Fachzeitschrift, Erscheinungsdatum, Ausgabe, Seitenangaben) für das eindeutige Auffinden einer Literaturstelle zu sehr stören würde, vor allem dann, wenn man mehrere Literaturangaben zitieren möchte, wird man im Text nur einen rudimentären ***Verweis*** (meist durch eine Ziffernangabe oder Erstautor und Jahreszahl) ***auf*** das ***Literaturverzeichnis*** geben. In den allermeisten Fachzeitschriften verweisen aus Gründen der Übersichtlichkeit nur noch ***Zahlenangaben*** auf die Literaturstellen im Literaturverzeichnis. Die Schwierigkeit liegt zum einen darin, dass sich die Zahlenzuordnung durch Hinzufügen oder Weglassen von Literaturstellen des Öfteren während der Erstellung eines Artikels ändern kann, und sich die Form der Literaturverweise (sowohl im Text als auch im Literaturverzeichnis) von Fachzeitschrift zu Fachzeitschrift unterscheiden.

Literaturverwaltungsprogramme übernehmen zum einen die Aufgabe, uns bei der Verwaltung von Literaturstellen zu helfen, und uns zum anderen beim Zitieren dieser Literaturstellen innerhalb eines Textdokuments zu unterstützen. Es gibt eine Reihe von solchen Programmen, die in Deutschland am häufigsten benützten Programme dürften ***Endnote*** und der ***Reference Manager*** des Herstellers ISI™ sein. Während Endnote als preisgünstigeres Programm für das einfache Publizieren in aller Regel völlig ausreicht, bietet der Reference Manager eine Reihe von zusätzlichen Funktionen, die gerade beim Erstellen von komplexen Arbeiten helfen können. Alle diese Programme initiieren beim Installieren auf die Festplatte einen Eintrag in die Registrierungsdatei, die mit dem betreffenden Textverarbeitungsprogramm (wie z.B. MS Word) eine Kommunikationsebene schafft und die entsprechenden Funktionen im Textverarbeitungsprogramm herstellen lässt. Im Folgenden beziehen wir uns der Einfachheit halber auf das Programm Reference Manager.

Ein erster entscheidender Vorteil von Literaturverwaltungsprogrammen liegt in ihren Fähigkeiten, die ***abgespeicherten Ergebnisse*** von Literatursuchen ***einfach zu importieren***. Dadurch spart man sich die lästige Abschreibearbeit und vermeidet auch Tippfehler, die ansonsten unvermeidlich entstehen würden. Man muss dem Programm lediglich mitteilen, aus welcher Quelldatei es sich die Literaturstellen holen soll und in welchem Format sie dort abgespeichert sind. Die Formate aller gebräuchlichen Literatursuchenmaschinen (wie natürlich auch des Pubmed) stehen als Filter zur Verfügung. Die folgende Abbildung zeigt den Menüpunkt im Reference Manager, um Literaturstellen innerhalb einer Textdatei in eine bestehende Literaturdatenbank einzufügen.

Selbstverständlich bieten die Literaturverwaltungsprogramme auch die Möglichkeit, ***neue Literaturstellen von Hand einzugeben***. Dies ist immer dann notwendig, wenn die Literaturstelle nicht über die Internet-basierte Suchmaschine gefunden werden kann, wie es bei Artikeln aus regionalen Fachzeitschriften, bei Buchkapiteln oder zitierfähigen Kongressabstrakts der Fall sein kann. Grundsätzlich gilt aber, dass man Literaturstellen besser elektronisch importiert, um Fehler zu vermeiden.

Hat man auf diese Weise eine Literaturdatenbank zu einem bestimmten Thema angelegt, kann man aus diesem Fundus heraus immer wieder die darin enthaltenen Literaturstellen in ein Textdokument einfügen. Die Literaturdatenbanken besitzen eine praktisch unbegrenzte Kapazität, so dass man nicht mit dem Importieren von Literaturstellen geizen sollte, auch wenn man sich noch nicht sicher ist, ob man sie später verwenden möchte. Sollte die Literaturdatenbank mit der Zeit unübersichtlich groß werden, so ermöglichen es bequeme Suchfunktionen innerhalb der Literaturdatenbank, ganz ähnlich wie in PubMed Literaturstellen anhand von Autoren, Titeln, Schlüsselwörtern, etc. zu leicht zu finden.

Aus diesem Grunde sollte man zwar nicht mit dem Importieren von Literaturstellen, aber mit dem Anlegen von Literaturdatenbanken knapsen, da die Suche nach Literaturstellen natürlich nur innerhalb einer Datenbank greift. Gleichzeitig liegt darin aber auch ein großer Vorteil der Literaturdatenprogramme: Man hat die Literatur jederzeit unabhängig vom Internetzugang bereit und recherchierbar. Lädt man zusätzlich auch die Abstrakts mit in die Literaturdatenbank, lässt sich so bei vielen Artikeln das Bereithalten von Orginalliteratur vermeiden. Diesen Vorteil wird man besonders auf Reisen sehr zu schätzen

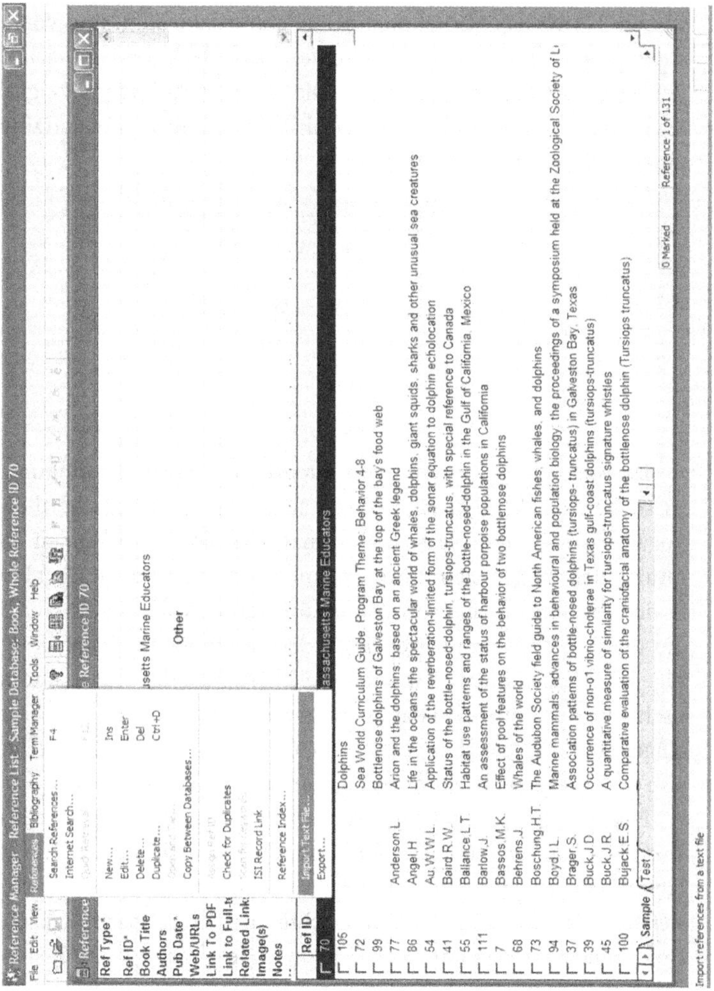

Reference Manager - Reference List - Sample Database: Book, Whole Reference ID 70

File Edit View References Bibliography Term Manager Tools Window Help

Search References… F4
Internet Search…
New… Ins
Edit… Enter
Delete… Del
Duplicate… Ctrl+D
Copy Between Databases…
Check for Duplicates
ISI Record Link
Reference Index…
Import Text File…
Export…

Reference ID 70

Ref Type*
Ref ID*
Book Title ...usetts Marine Educators
Authors
Pub Date* Other
Web/URLs
Link To PDF
Link to Full-t…
Related Link…
Image(s)
Notes

	Ref ID		
☐	70		…assachusetts Marine Educators
☐	105		Dolphins
☐	72		Sea World Curriculum Guide. Program Theme: Behavior 4-8
☐	99		Bottlenose dolphins of Galveston Bay at the top of the bay's food web
☐	77	Anderson,L.	Arion and the dolphins: based on an ancient Greek legend
☐	86	Angel,H.	Life in the oceans: the spectacular world of whales, dolphins, giant squids, sharks and other unusual sea creatures
☐	54	Au,W.W.L.	Application of the reverberation-limited form of the sonar equation to dolphin echolocation
☐	41	Baird,R.W.	Status of the bottle-nosed-dolphin, tursiops-truncatus, with special reference to Canada
☐	55	Ballance,L.T.	Habitat use patterns and ranges of the bottle-nosed-dolphin in the Gulf of California, Mexico
☐	111	Barlow,J.	An assessment of the status of harbour porpoise populations in California
☐	7	Bassos,M.K.	Effect of pool features on the behavior of two bottlenose dolphins
☐	68	Behrens,J.	Whales of the world
☐	73	Boschung,H.T.	The Audubon Society field guide to North American fishes, whales, and dolphins
☐	94	Boyd,I.L.	Marine mammals: advances in behavioural and population biology: the proceedings of a symposium held at the Zoological Society of L…
☐	37	Brager,S.	Association patterns of bottle-nosed dolphins (tursiops- truncatus) in Galveston Bay, Texas
☐	39	Buck,J.D.	Occurrence of non-o1 vibrio-cholerae in Texas gulf-coast dolphins (tursiops-truncatus)
☐	45	Buck,J.R.	A quantitative measure of similarity for tursiops-truncatus signature whistles
☐	100	Bujack,E.S.	Comparative evaluation of the craniofacial anatomy of the bottlenose dolphin (Tursiops truncatus)

Sample / Test

0 Marked Reference 1 of 131

Import references from a text file

wissen: Durch das Mitnehmen der Literaturdatenbank und von besonders relevanten Artikeln in Volltext als PDF-Datei lässt sich das Reisegepäck deutlich erleichtern. Die folgende Abbildung zeigt die Suche nach Artikeln über das Lokalrezidiv beim Mammakarzinom innerhalb einer Literaturdatenbank.

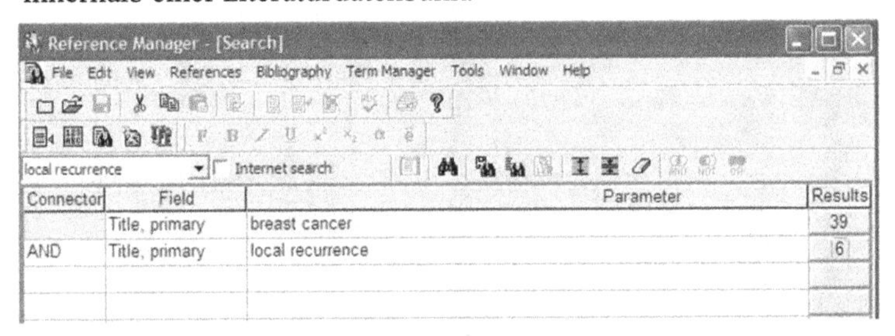

Das eigentliche ***Zitieren*** von ***Literaturstellen*** im Textdokument ist schließlich ***denkbar einfach*** und lässt unsere wissenschaftlichen Vorväter vor Neid erblassen: Man markiert die zu zitierenden Literaturstellen in der Literaturdatenbank, wechselt über die Taskleiste in das Textverarbeitungsprogramm und kann dort über ein Symbol die markierten Literaturstellen an der betreffenden Textstelle einfügen. Je nach Präferenz werden die Literaturstellen dann automatisch oder nach Aufruf in das Literaturverzeichnis am Ende des Textes eingefügt. Im Textkörper verbleibt schließlich nur noch die Referenz, also in der Regel eine Nummer oder Autor und Jahresangabe.

Fügt man später noch Literaturstellen an einer beliebigen Stelle im Text ein – kein Problem! Das Programm wird die Nummerierung der Literaturstellen automatisch korrigieren. Erleichtert wird man so feststellen, dass sich das Literaturverzeichnis, welches früher so manchen Doktoranden an den Rande des Herzinfarktes brachte, beim Erstellen des Textdokumentes wie von Geisterhand generiert. Und das Ganze auch noch weit fehlerarmer, als dies früher möglich war. Die folgende Abbildung zeigt eine Literaturdatenbank, in der bereits zwei Artikel zum Einfügen in das Textdokument markiert wurden. Ein Tastendruck im Textverarbeitungsprogramm würde genügen, um sie in den Text einzufügen.

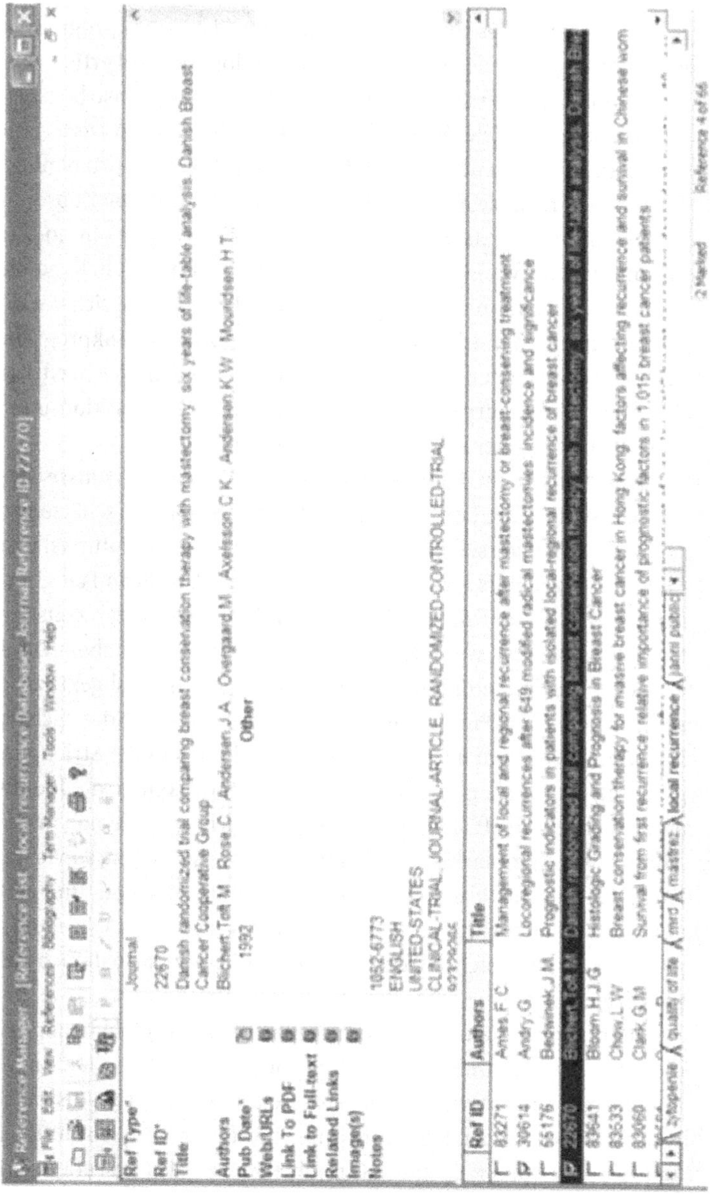

Reference Manager - [Reference List - local recurrence Database- Journal Reference ID 22670]

File Edit View References Bibliography Term Manager Tools Window Help

Ref Type*	Journal
Ref ID*	22670
Title	Danish randomized trial comparing breast conservation therapy with mastectomy: six years of life-table analysis. Danish Breast Cancer Cooperative Group
Authors	Blichert-Toft M., Rose C., Andersen J.A., Overgaard M., Axelsson C.K., Andersen K.W., Mouridsen H.T.
Pub Date*	1992 Other
Web/URLs	
Link To PDF	
Link to Full-text	
Related Links	
Image(s)	
Notes	1052-6773 ENGLISH UNITED-STATES CLINICAL-TRIAL, JOURNAL-ARTICLE, RANDOMIZED-CONTROLLED-TRIAL

Ref ID	Authors	Title
83271	Ames F.C	Management of local and regional recurrence after mastectomy or breast-conserving treatment
30614	Andry G	Locoregional recurrences after 649 modified radical mastectomies: incidence and significance
55176	Bedwinek J.M.	Prognostic indicators in patients with isolated local-regional recurrence of breast cancer
22670	Blichert-Toft M.	Danish randomized trial comparing breast conservation therapy with mastectomy: six years of life-table analysis. Danish Bre
83641	Bloom H.J.G	Histologic Grading and Prognosis in Breast Cancer
83533	Chow L.W	Breast conservation therapy for invasive breast cancer in Hong Kong: factors affecting recurrence and survival in Chinese wom
83060	Clark G.M	Survival from first recurrence: relative importance of prognostic factors in 1,015 breast cancer patients

zytopenie | quality of life | mrd | mastrez | local recurrence | janni public

2 Marked Reference 4 of 66

Das Erlernen des Umganges mit Literaturdatenbankprogrammen ist in der Regel mindestens ebenso problemlos wie das Fertigen eines Marmorkuchens anhand einer Fertigbackmischung. Umso bedauerlicher ist, dass sich viele Doktoranden beim Anfertigen der Dissertation zunächst lange scheuen, ein entsprechendes Programm zu benützen. Diese Scheu rächt sich schließlich um ein Vielfaches: Die Zuordnung von bestimmten Textstellen zu Literaturstellen ist später nur noch mit unnötig viel Aufwand und meist nur lückenhaft möglich. Es sei deshalb allen Publikationseinsteigern ***dringend empfohlen***, sich vor dem Einstieg in ein Manuskript mit einem Literaturdatenbankprogramm vertraut zu machen und die nötigen Literaturstellen gleichzeitig mit Erstellen des Textkörpers einzufügen. Die zeitliche Investition am Anfang wird sich später mehrfach wieder amortisieren.

Spätestens beim ***Formatieren des Literaturverzeichnisses*** wird man die Vorteile des Literaturdatenbankprogrammes zu schätzen wissen. Viele Dekanate schreiben vor, in welcher Form Literaturstellen im Literaturverzeichnis genannt werden müssen. Auf jeden Fall gilt das für alle ***wissenschaftlichen Fachzeitschriften***: Jede dieser Zeitschriften legt genau fest, wie Literaturangaben auszusehen haben: Ob der Vorname des Erstautors ausgeschrieben sein soll, ob er abgekürzt sein soll, mit oder ohne Punkt hinter der Abkürzung, ob vor oder nach dem Nachnamen, ob vom nächsten Autor durch Komma oder Strichpunkt getrennt, u.s.w. – es gibt unendlich viele Möglichkeiten, die Identität einer Fachzeitschrift auch im Literaturverzeichnis zu demonstrieren. Ähnlich wie Automarken ihre Eigenheiten konservieren, so versucht jede Fachzeitschrift, sich von anderen zu unterscheiden, und sei es auch nur im historisch gewachsenen Literaturverzeichnis. Jedenfalls gibt es kaum zwei Fachzeitschriften, deren Literaturformate sich komplett gleichen.

Literaturdatenbankprogramme übernehmen glücklicherweise die zeit- und nervtötende Arbeit der Formatierung von Literaturverzeichnissen. Die Programme liefern bereits eine stattliche Auswahl an zeitschriftspezifischen Literaturformaten, die man lediglich zur Erstellung des Literaturverzeichnisses anwählen muss – den Rest erledigt das

Programm. Freilich sind viele regionale Zeitschriften nicht im Katalog der vorgefertigten Literaturformate enthalten, so dass man die Formatvorgaben für solche Zeitschriften zunächst erstellen muss. Allerdings eben nur einmal – und nicht für jede Literaturstelle erneut. Reicht man später ein neues Manuskript für die gleiche Fachzeitschrift ein, wird man auf das bereits erstellte Formatprofil für diese Zeitschrift zurückgreifen können. Und sollte man dasselbe Manuskript nach Ablehnung bei der einen Fachzeitschrift bei einer anderen einreichen müssen, so kann man sich sicher sein, dass auch diese mit einem eigenen Literaturformat aufzuwarten weiß. Die automatische Umformatierung des Literaturverzeichnisses durch das Literaturdatenbankprogramm wird den Jung- oder Altwissenschaftler in der Enttäuschung über die vorhergehende Ablehnung wenigstens etwas trösten.

1.4 *Mehr als nur Erbsenzählen –* Die statistische Auswertung

Dass der Statistikunterricht zu den allgemein anerkannten Spaßtötern während des Medizinstudiums zählt, dürfte eine Reihe von Gründen haben. Ein Mangel an didaktischer Exzellenz wird es wahrscheinlich nur in der Minderzahl der Fälle sein – ist es doch sicher einfacher, eine Herztransplantation mit verbundenen Augen zu operieren, als über die Details des Wilcoxon-Test spannend und praxisnah zu Studenten der Medizin zu sprechen. Die Materie ist wohl einfach zu weit davon entfernt, was den Medizinstudenten auf dem Weg zum guten Arzt wirklich interessiert – und vielleicht auch mit höchster Priorität interessieren muss. Dennoch ist Statistik, so trocken sie auch sein mag, absolut essentiell für den wissenschaftlichen Erkenntniszugewinn. Dieser Leitfaden kann und will sich nicht der Vermittlung von statistischem Grundwissen widmen. Dies würde den Rahmen dieses Buches bei weitem sprengen. Zudem bietet der Buchmarkt in der Tat eine Reihe von sehr guten Einstiegshilfen für jede Zielsetzung und jeden Bedürfnisgrad an fachlichem Tiefgang. Zur Beruhigung jener, die allzu große Berührungsängste mit der Statistik haben, sei aber gesagt, dass das Repertoire an tatsächlich in der wissenschaftlichen Praxis benötigten statistischen Tests und Tricks weit geringer ist, als man nach einem Semester unüberschaubarer Fülle statistischen Nicht-Verstehens befürchten mag. Die meisten klinischen Wissenschaftler kommen mit weniger als einem Dutzend verschiedener statistischer Tests ihr Leben lang aus – und fahren damit gar nicht so schlecht. Der Blick in die Statistikabschnitte der meisten sehr gut publizierten Artikel bestätigt dies zudem.

Oswald Huber/CCC, www.c5.net

Eine ganz grundsätzliche Entscheidung, die man zu Beginn einer statistischen Auswertung – oder noch besser: zu Beginn einer wissenschaftlichen Arbeit – treffen sollte, ist die Frage nach dem ›***Wer***‹. In der Regel dürfte es für diese Entscheidung ***zwei Optionen*** geben: Entweder führt ein professioneller Statistiker die Auswertung im Auftrag derjenigen durch, die die wissenschaftliche Arbeit initiiert haben, oder diese fertigen die statistische Auswertung selbst an. Jede dieser beiden Optionen hat ihre eigenen Vor- und Nachteile. Die beiden Vorzüge des professionellen Statistikers liegen auf der Hand: Zum einen macht sich ein echter Profi ans Werk, der die statistische Auswertung schnell und sicher realisieren und die oft entscheidende

Frage nach dem richtigen Test meist zielsicher beantworten kann. Zum anderen wird der Statistiker nicht so leicht in die Versuchung geraten, Daten durch die rosarote Wunschbrille desjenigen zu sehen, der sich ein bestimmtes Ergebnis wünscht. Die ***fachliche Objektivität*** durch eine ***unabhängige statistische Auswertung*** ist besonders bei umfangreichen Studien mit großer klinischer Relevanz von hoher Bedeutung, da sie die statistischen Ergebnisse weniger angreifbar macht.

Andererseits stehen diese potenziellen Vorteile den praktischen Nachteilen einer unabhängigen Statistik gegenüber. Die statistische Auswertung als reine Auftragsarbeit ist bei den meisten statistischen Abteilungen an den Universitäten häufig unbeliebt – ist das Eigeninteresse der Abteilung doch meist recht gering. Die wenigsten wissenschaftlichen Projekte werden aber von vornherein unter Einbindung eines professionellen Statistikers konzipiert. Gerade Doktoranden müssen deshalb nicht selten viel Mühe und Hartnäckigkeit aufwenden, um einen ***statistischen Ansprechpartner*** zu ***finden*** und diesen ***zeitnah*** für eine ***Auswertung motivieren*** zu können. Des Weiteren kann jede statistische Auswertung auch immer nur so gut sein, wie das Wissen um das Gesamtkonzept einer Studie.

Statistiker, die am Ende einer Studie lediglich einen großen Topf an Daten präsentiert bekommen, sind oft bei bester Statistikexpertise nicht in der Lage, eine sinnvolle Auswertung anzufertigen, einfach weil ihnen das ***Detailwissen*** um die ***Studie fehlt.*** Ein hohes Maß an interdisziplinärer Kommunikation kann diese Lücken schließen, scheitert aber oft am zeitlichen Verfügungsrahmen der Beteiligten. Ein maßgeblicher Vorteil für den ständig im Zeitkorsett asphyxierenden Kliniker ist schließlich die Möglichkeit zur sehr effizienten Verzahnung von statistischer Auswertung und Verfassen eines Manuskriptes. Mehr dazu im letzten Absatz dieses Kapitels.

Zusammenfassend lässt sich wohl raten, für ***größere Studien*** und ***komplexere Auswertungen*** die ***Hilfe*** von ***professionellen Statistikern*** zu suchen. Dann aber sollten diese schon zu Beginn eines Projektes beratend eingeschaltet werden, um so irreversible Fehler zu vermeiden und die Kommunikation zu verbessern. Weniger komplexe statistische Auswertungen kann man durchaus auch mit Hilfe einer/s statistikerfahrenen Kollegin/ens in Angriff nehmen. Die beratende Hilfe durch einen Statistiker schließt dieser Versuch ja nicht aus.

Unabhängig davon, wie die Entscheidung für oder gegen eine externe Auswertung durch einen Statistiker ausfällt, ist es wichtig, noch vor der Rechenarbeit die Fragestellungen genau zu definieren. Statistiker lieben nichts so sehr, wie eine ungeordnete Datenbank ausgehändigt zu bekommen, mit den Worten ›***Schau mal, was da signifikant ist. Mach was draus!***‹. Ein solches Vorgehen zeugt nicht nur von wissenschaftlicher Unredlichlichkeit, sondern birgt auch die Gefahr in sich, eine wichtige Erkenntnis aus der Studie zu verfehlen, nur weil der Auswertende gar nicht nachgesehen hat. Sowohl für den unabhängigen Statistiker als auch für die Auswertung durch den Studiendurchführenden selbst ist es wichtig, dass zu Beginn der Auswertung die Studienziele genau festgelegt werden (was man ohnehin schon ganz am Anfang tun sollte). Überlegt man sich dann noch, welche der erfassten Variablen für die Beantwortung welcher Fragestellung benötigt werden, hat man bereits eine wichtige Vorarbeit geleistet. Man wird zu diesem Zeitpunkt schon erkennen, dass manche Variablen für die betreffenden Fragestellungen verändert, d.h. umkodiert werden müssen, während neue Variablen aus bestehenden errechnet werden müssen. Es erhöht zweifellos die Qualität einer statistischen Auswertung, all diese Überlegungen schon zu Beginn anzustellen, und sich so etwas wie einen Fahrplan für die Auswertung bereit zu legen.

Während unsere wissenschaftlichen Großeltern tatsächlich noch mühsam Zahl für Zahl ihrem Rechenschieber entlocken mussten, kostet die eigentliche Rechenarbeit heute keine Schweißperle mehr. Das heißt keineswegs, dass statistische Auswertungen heute einfacher geworden sind. Ganz im Gegenteil, die Leichtigkeit der Datenproduktion birgt vermutlich mehr Risiken in sich als von Vorteil ist. Moderne Statistikprogramme wie SPSS (Statistical Package for the Social Sciences, SPSS Inc., Chicago, USA) bieten nicht nur eine große Fülle an Auswertungsmodi, sondern auch die Möglichkeit, einen statistischen

Test mit fast unbegrenzt vielen Variablen zu füttern. Ambitionierte Signifikanzjäger bedienen sich oft dieser technischen Möglichkeit, um auf diese Weise mehr per Zufall ein statistisch signifikantes und damit leichter zu publizierendes Ergebnis zu finden. Nichts ist einfacher, als an einem Abend mehr Zahlenmaterial zu produzieren, als früher in eine gut ausgestattete Jesuitenbibliothek gepasst hätte. Dank der hohen Rechenkapazitäten von PCs liegt die Arbeit heute aber nicht mehr in der Produktion von Daten, sondern in deren Auswahl und Interpretation. Manchmal gewinnt man den Eindruck, dass Letzteres in dem Maße schwieriger wird, in dem Ersteres technisch vereinfacht wird.

Eine sehr gute Möglichkeit, Selbstdisziplin bei der Rechenarbeit zu üben und gleichzeitig die Zeiteffizienz bei der Erstellung eines Manuskriptes deutlich zu erhöhen, bietet die ***simultane Kombination*** von ***Auswertung*** und ***Verfassen*** von Manuskriptanteilen. Gewöhnt man sich zu Beginn der Auswertung an, die Ergebnisse sofort im entsprechenden Teil des Manuskriptes niederzuschreiben, wird man automatisch dazu gezwungen, Unnötiges erst gar nicht zu rechnen oder es gleich wieder zu verwerfen. Erstellt man zusätzlich im gleichen Arbeitsschritt die nötigen Tabellen und Abbildungen, so wird man am Ende der statistischen Auswertung bereits einen ansehnlichen Teil seines Manuskriptes verfasst haben.

Der Prozess der ***statistischen Auswertung*** wird quasi ***anachronistisch verlangsamt***, was aber der Sorgfalt der Auswertung nur dienlich sein kann, und im Gesamten die Arbeit zeiteffizienter macht. Man wird schnell feststellen, dass die Größe der Ausgabedatei beträchtlich schrumpft, wenn man nur jenes aufbewahrt, was auch bereits im Manuskript festgehalten ist. Alle jene Zahlenwerke, die man als irrelevant einstuft, sollte man getrost gleich löschen, schließlich ließen sie sich ja dank der schnellen Rechner schneller reproduzieren als von den eigentlich wichtigen Daten trennen. Dieses Rezept des simultanen Auswertens und Schreibens mag am Anfang mühevoll und frustrierend langsam erscheinen. Der Lohn für diese zeitliche Investition wird aber bald durch einen besser durchdachten Ergebnisteil und durch die wesentlich vereinfachte Fertigstellung des Manuskriptes folgen.

1.5 *Beetle oder Benz?* – Auswahl des richtigen Journals

Das Problem der Auswahl der richtigen wissenschaftlichen Fachzeitschrift (›scientific journal‹, im englischsprachigen Raum einfach ›journal‹ genannt) mag trivial erscheinen, ist aber manchmal durchaus knifflig. Die inzwischen fast unüberschaubare Zahl an Journals und wichtige publikationstaktische Überlegungen machen die Auswahl des Publikationszieles mitunter schwierig. Und doch kann die richtige Auswahl über Erfolg oder Misserfolg eines Manuskriptes entscheiden und, in Abhängigkeit von der Wertung der Fachzeitschrift, für den wissenschaftlichen Ruhm in Zusammenhang mit einer Veröffentlichung bedeutsam sein. Vergleichbar mit der Vielfalt an Einflussfaktoren auf die Auswahl einer Automarke, lässt sich der Entscheidungsprozess nicht auf ein einziges Schlüsselkriterium reduzieren. Wann sind sich Autokäufer schon einig, ob ein BMW besser ist als ein Mercedes? Und sollte es eine manuelle Schaltung sein oder ein Automatikgetriebe? Für die Auswahl des richtigen Journals lassen sich jedoch ***drei grundlegende Entscheidungskriterien*** definieren, die die Anzahl der möglichen Fachzeitschriften deutlich reduzieren und als Schnittmenge meist nur noch die Wahl zwischen wenigen Optionen lassen. Da sich die Diskussion um die Auswahl der Fachzeitschrift meist (oder hoffentlich) auf internationalem Parkett bewegt, seien im Folgenden die englischen Begriffe genannt.

Drei Kriterien zur Journalauswahl

1. Target Audience
2. Scope of the Journal
3. Impact Factor

›Target audience‹ Die Frage nach dem potenziellen ***Zielpublikum*** des Artikels (target audience) sollte als Erstes eine realistische Antwort erfahren. Wer sollte den Artikel hauptsächlich lesen, für wen ist die Arbeit von höchstem Interesse? Nicht das Wunschdenken sollte im Vordergrund stehen (›alle Kliniker mit Englischkenntnissen‹, das wäre dann wohl etwas für das ›New England Journal of Medicine‹), sondern eine nüchterne Einschätzung über die ***Einordnung des Artikels*** in die wissenschaftliche Welt der Leser. Befasst sich eine Arbeit etwa mit der Dosisfindung einer adjuvanten Strahlentherapie beim Mammakarzinom, ist sie in einem ›Subspeciality journal‹, einer Fachzeitschrift für Strahlentherapeuten besser aufgehoben als im ›Lancet‹. Im ›Lancet‹ wäre der Artikel nur dann richtig platziert, wenn die Erkenntnis aus der Studie derart grundlegend und bahnbrechend ist, dass sie auch alle nicht strahlentherapeutisch spezialisierten KollegInnen entscheidend interessiert. Man sollte sich in die Rolle des Editors der Zeitschrift versetzen, der ja immer das Interesse seiner Leser vertreten und dafür sorgen muss, die interessantesten Artikel für seine Publikation an Land zu ziehen.

›Scope of the journal‹ Jede Fachzeitschrift hat ihre Eigenheiten, die nur eingeschränkt durch die Leserschaft bedingt und oft historisch gewachsen sind. So erscheinen im ›New England Journal of Medicine‹ neben grundlegenden ***Meilensteinen*** der medizinischen Forschung oft ***hochwertige***, aber ***populäre Arbeiten*** (wie vor Jahren eine Arbeit über die Korrelation zwischen dem Gewicht der Ärztekittel und der Position ihrer Träger), während im ›Journal of the National Cancer Institute‹ sehr häufig Referenzarbeiten veröffentlicht werden, und das ›Journal of Clinical Oncology‹ das Traumziel aller klinischen Studien in der Onkologie ist. Am besten lässt man sich hier durch publikationserfahrene Kollegen beraten, die sich im wissenschaftlichen Blätterdschungel schon etwas besser auskennen. Beachten sollte man auch die Frage, welche Themen in der Fachzeitschrift häufig Berücksichtigung finden, und ob die geplante Art des Artikels (Originalarbeit, Übersichtsartikel, Fallbericht) überhaupt zum Repertoire des Journals gehört.

›Impact factor‹ Hand aufs Herz: Wer fährt nicht lieber Porsche als einen VW Polo? Es gibt wohl kaum einen Wissenschaftler, der nicht gerne einmal Autor einer Arbeit im ›New England Journal of Medicine‹ oder im ›Nature Medicine‹ sein würde. Soviel also zur Frage der Wunschvorstellung. Das ***wissenschaftliche Niveau*** einer ***Fachzeitschrift*** wird objektivierbar durch den sog. Impact Factor (IF) ausgedrückt, der sich im Prinzip durch die ***Anzahl der Zitierungen*** von Artikeln einer Fachzeitschrift errechnet. Der Impact Factor ist nicht unumstritten, da er Journals mit häufig zitierten Arbeiten und per se großer Leserschaft (wie etwa das erwähnte ›Journal of the National Cancer Institute‹) bevorzugt und Fachzeitschriften in international nicht zugängiglicher Sprache (wie in deutscher Sprache) oder kleineren Fachgebieten (wie Augenheilkunde) benachteiligt.

Impact Faktor

- Gradmesser für die objektivierbare Güte einer Fachzeitschrift
- »Je höher die Zahl, desto besser«

Nichtsdestotrotz gilt der Impact Factor als der unumstrittene Gradmesser für die objektivierbare Güte einer Fachzeitschrift und der in ihr erschienenen Artikel. Analog zur PS-Zahl eines PKW gilt: ***Je höher die Zahl, desto besser.*** Sog. ›major international journals‹ beginnen bei einem Impact Factor von 1,0, sehr prestige-trächtige Journals wie Lancet, Journal of Clinical Oncology oder Nature liegen um einen Impact Factor von 10 oder auch noch deutlich höher. Die meisten deutschsprachigen Fachzeitschriften fristen hingegen eher ein internationales Schattendasein mit einem IF von 0,1 – 0,3, was dem Niveau einiger dieser Zeitschriften allerdings nicht gerecht wird.

Grundsätzlich gilt natürlich, dass eine Zeitschrift mit einem möglichst hohen IF angestrebt werden sollte, da die wissenschaftliche Performance von Wissenschaftlern bei aller berechtigten Kritik an diesem Parameter weithin trotzdem nach der Summe ›seiner Impaktfaktoren‹

beurteilt wird. So schreiben viele medizinische Fakultäten zur Einleitung eines Habilitationsverfahrens inzwischen ein Minimum für den wissenschaftlichen Impaktfaktors (meist von 15) vor. Man sollte versuchen, das Niveau für die Veröffentlichung des Manuskripts realistisch einzuschätzen, ohne es ›unter Wert‹ zu verkaufen.

Grundsätzlich gilt, dass man wohl bei Ersteinreichung eines Manuskriptes eher etwas zu hoch als zu niedrig ›pokern‹ sollte. Diese Strategie hat zwei praktische Gründe. Zum einen erhält man selbst bei Ablehnung des Manuskriptes bei einem hochrangigen Journal in der Regel ein Gutachten von ebenso hochrangigen Experten des Faches, die schonungslos die Schwächen des Manuskriptes aufdecken. Vorausgesetzt, das Manuskript wird nicht als absolut untauglich ohne Begutachtung vom Editor abgelehnt, erzielt die Einreichung auf jeden Fall eine ***kostenlose, unabhängige Begutachtung.*** Die Kommentare der Gutachter sollte man beherzigen und sie als Chance für die Verbesserung des Manuskriptes nützen.

Das zweite Argument für eine tendenziell höherrangige Einreichung eines Manuskriptes liegt in der Tatsache, dass eine Einreichung des Manuskriptes bei einem höherrangigen Journal nach Annahme durch eine minderwertigere Fachzeitschrift nicht mehr möglich ist. Das ***Copyright*** des Artikels ***geht*** mit der Annahme zur Publikation unwiederbringlich ***auf*** den ***Verlag über.*** Die Sequenz in umgekehrter Richtung, also die Veröffentlichung des Manuskriptes in einem Journal mit niedrigerem IF nach Ablehnung durch ein Prestigejournal, ist natürlich immer noch möglich. Einreichungen auf einem völlig unrealistischem Niveau sollte man allerdings vermeiden, wenn man nicht unnötig Zeit verschwenden möchte. Der Zeitfaktor per se kann manchmal auch zum Entscheidungskriterium werden: Steht man aus unterschiedlichen Gründen gerade unter Publikationsdruck, so ist eine ›rapid publication‹ bisweilen pragmatischer als der oft langwierige Versuch, in einem Prestigejournal unterzukommen.

Ganz grundlegend stellt sich natürlich auch die Frage nach der ***Sprache,*** in der man das Manuskript verfassen sollte. Die Gralshüter unserer schönen Sprache mögen es uns verzeihen – aber generell und zunehmend sollte die englische Sprache angestrebt werden. Auch dieser Rat hat mehrere pragmatische Gründe. Selbst wenig prestigeträchtige Fachzeitschriften in englischer Sprache besitzen einen deutlich höheren Impact Factor als die meisten deutschsprachigen Zeitschriften. Zudem erreicht man in englischer Sprache auch ein Publikum außerhalb der deutschsprachigen Länder, dem das Manuskript sonst in der Regel vorenthalten bleibt. Freilich ist das Verfassen eines Manuskriptes in einer anderen als der Muttersprache viel anstrengender und zeitaufwändiger und zieht meist den Bedarf des ***Korrekturlesens*** durch einen ***native speaker*** nach sich. Will oder muss man diesen Aufwand scheuen, dann wird ein Artikel in deutscher Sprache nie etwas sein, wofür man sich schämen müsste. Manchmal ist ein deutschsprachiger Artikel sogar gezielt gewollt, um eine inländische Leserschaft anzusprechen oder den Bekanntheitsgrad im eigenen Land zu erhöhen. Die besten Stücke sollte man gleichwohl in englischer Sprache verfassen – was übrigens den Zugang zu deutschen Fachzeitschriften nicht verwehrt, die zunehmend auch englischsprachige Artikel zulassen.

1.6 *Hitchcock oder Hemingway?* – Besonderheiten der Sprache beim medical writing

Die Diktion dieses Leitfadens geht nicht mit gutem Beispiel voran, dem Leser einen wissenschaftlichen Schreibstil zu demonstrieren. Das ist aber nicht die Intention dieses Buches, das andernfalls nur schwer zu lesen wäre. Auch hervorragende deutsche Autoren der Vergangenheit und der Gegenwart – von Goethe bis Grass – würden den Anforderungen des wissenschaftlichen Schreibstiles nicht gerecht werden. Prosa folgt nun einmal völlig anderer Zielsetzungen als die meist nüchterne, präzise Auseinandersetzung mit einem wissenschaftlichen Thema. Banale Konsequenz davon ist, dass wissenschaftliche Artikel entsprechend weniger unterhaltsam konsumiert werden können. Über die ***Eigenheiten*** des ***wissenschaftlichen Schreibstiles*** wurden bereits eine Reihe von meist englischsprachigen Büchern geschrieben, so dass wir in diesem Abschnitt nur die wichtigsten Grundregeln zusammenfassen. Die Hauptunterschiede zum prosaischen Schreibstil der Belletristik wird englischsprachig oft mit dem ›*ABC*‹ ***des Publizierens*** zusammengefasst:

- ***Accuracy:*** Während der Prosaschreibstil oft gezielt nur Andeutungen macht, und bestimmte Stilmittel das direkte Ansprechen von Gedanken vermeiden, liegt die Intention beim wissenschaftlichen Schreiben genau konträr. Ziel ist es, möglichst genau das beim Namen zu nennen, was man ausdrücken möchte. Anstatt ›ein Autor äußerte sich kürzlich kritisch über bestimmte Aspekte der Chemotherapie XY‹, sollte man besser schreiben: ›Müller et al. kritisierten in ihrer Arbeit aus dem Jahr 2002 [Referenz] die hohe Inzidenz der durch die Chemotherapie XY verursachten Grad III Leukopenien.‹ Man sollte dem Leser möglichst keine Chance geben, etwas falsch zu verstehen.
- ***Brevity:*** Artikelautoren werden nicht nach Wörtern bezahlt (abgesehen davon, dass sie gar nicht bezahlt werden), und deshalb ist jedes vermeidbare Wort ein Wort zu viel. Der Autor sollte Mitleid haben mit dem gestressten Kliniker, der bei der Abendlektüre eines Artikels nichts mehr schätzt als knappe, klare Aussagen, anstatt vieler leerer Worte um nichts. Man sollte auf alle Füllwörter verzichten, die einem im Schulaufsatz so lieb geworden sind. Statt ›as a consequence of‹ schreibt man besser ›because‹, statt ›to carry out an investigation‹ wählt man besser ganz einfach ›to investigate‹. Viele Fachzeitschriften setzen zudem einen klaren Rahmen für die Anzahl der Wörter in Abstrakt (meist max. 250 Wörter) und Textkörper (meist 3.000 – 3.500 Wörter), mit dem man auf jeden Fall zurecht kommen sollte. Je kürzer, desto besser.
- ***Clarity:*** Beherzigt man den Ratschlag für größtmögliche Knappheit des Manuskriptes, ergibt sich daraus fast zwangsläufig auch ein höherer Grad an Klarheit. Zusätzlich gewinnt ein Manuskript auch durch eine aktive Sprache an Klarheit. Anstatt ›it is an inescapable conclusion that…‹ ist es kürzer und klarer zu schreiben: ›we conclude that…‹. Manuskripte deutschsprachiger Autoren erhalten auch dadurch nicht selten einen negativen Wiedererkennungs-

wert, dass sie leidenschaftlich lange, komplexe Sätze und vielsilbige Wörter beinhalten. Beides ist in der englischsprachigen wissenschaftlichen Literatur unerwünscht. Aus dem durchschnittlichen deutschen Satz kann man getrost drei amerikanische Sätze basteln mit dem Vorteil, dass man diese meist viel leichter versteht. Auch das klassische deutsche 27-Buchstabenwort, beim dem schon der Zeilenumbruch ins Schwitzen kommt, ist zugunsten möglichst kurzer, einfacher Wörter zu vermeiden. Favorisieren sollte man zudem möglichst aktive, starke Verben.

Aber nicht alles, was man im Deutschunterricht über das Aufsatzschreiben gelernt hat, ist für das wissenschaftliche Manuskript unbrauchbar. So gelten vor allem die üblichen Regeln für die Aufteilung des Manuskriptes in einzelne Absätze. Dabei sollte jedem ***Absatz*** genau ein Gedanke gewidmet sein, auf den man im ersten Satz hinführt und dann ausarbeitet. Im abschließenden Absatz sollte man thematisch bereits auf den Folgenden überleiten oder ihn vorbereiten. Ein Absatz sollte selten mehr als eine Drittel bis eine halbe DIN A 4 Seite (zweizeilig) umfassen. Die Gesamtheit der Absätze sollte ein gedanklicher Duktus verbinden, der ***rote Faden***, auf den später in Kapitel 2.7 noch eingegangen wird.

›***Appearances count***‹, betont nicht nur David Haller, Chief Editor des Journal of Clinical Oncology in seiner öffentlich zugänglichen ASCO-Fortbildung zum medizinischen Publizieren. Wie im richtigen Leben können Mängel im äußeren Erscheinungsbild manchmal die eigentlichen Vorzüge verschleiern. Unzulänglichkeiten im Schreibstil eines Artikels sind wie die schmutzige Hose bei der Hochzeit oder wie ein lieblos serviertes Menü im Restaurant – das oberflächliche Erscheinungsbild kann einen nachhaltigen negativen Eindruck hinterlassen. Ein perfekt geschriebener Artikel kann zwar nicht über methodische Schwächen, ein unsinniges Konzept oder mangelnde Fallzahlen hinweghelfen. Aber ein akkurater, knapper und klarer Schreibstil, gutes Englisch ohne Grammatik- und Rechtschreibefehler wird jeden Gutachter erst einmal wohl gesonnen stimmen.

2

Mein erstes Meisterwerk – ein Leitfaden zur Erstellung eines Fachartikels

2.1 *›Verba volant, scripta manent‹, und jetzt erst recht –* Der Kongressbeitrag als sinnvoller Schritt vor der schriftlichen Publikation

Es gibt eine Reihe von guten Gründen, einen Kongress zu besuchen: der touristische Anreiz des Ortes und des Landes, an dem er ausgerichtet wird, die Möglichkeit, Gleichgesinnte oder auch politisch wichtige KollegInnen zu treffen, sich fortzubilden oder – und dieser Aspekt sei hier besonders zu erwähnen – eben die Intention, wissenschaftliche Ergebnisse der Öffentlichkeit vorzustellen. Dem Außenstehenden mag es paradox erscheinen: In Zeiten der zunehmenden Perfektion elektronischer Medien und Kommunikationsmöglichkeiten nimmt die Anzahl von Kongressen und Symposien stetig zu. Vermutlich sind kommerzielle und karrierestrategische Interessen für diese Entwicklung mit verantwortlich. Die Entwicklung zeigt aber auch, dass der persönliche Kontakt und das direkte Gespräch bzw. die unmittelbare Kommunikation vermutlich auch im 21. Jahrhundert nicht durch Glasfaserleitungen und Videokonferenzen ersetzt werden wird. Und das ist auch gut so.

Die ursprüngliche und wohl auch heute noch dominierende Intention eines wissenschaftlichen Kongresses liegt in der ***Verbreitung neuer wissenschaftlicher Erkenntnisse*** sowie deren ***kritische Evaluation.*** In der Tat, die Neugierde und die Frage ›Was gibt es Neues?‹ sind zwei der überwiegenden Motivationselemente für die Besucher. Darin liegt auch gleichzeitig die Chance für Wissenschaftler, die neue Ergebnisse oder Erkenntnisse zu präsentieren haben: Die Vorstellung des wissenschaftlichen Beitrages auf einem Kongress ist der Test, den die Forschungsarbeit auf dem Weg zur endgültigen Publikation und vielleicht sogar zum allgemein akzeptierten Lehrbuchwissen bestehen muss. Die Heterogenität des Publikums – bezüglich seiner fachlichen Zugehörigkeit, seines Ausbildungsstandes und seiner akademischen Affinität – erhöht die Attraktivität der Diskussion eines wissenschaftlichen Beitrages auf einem Kongress. Während wissenschaftliche Ergebnisse häufig im geschützten Raum des Forschungslabors ent-

Volker Lange/CCC, www.c5.net

stehen, und die Beteiligten Gefahr laufen, die direkte Bodenhaftung zur wissenschaftlichen und klinischen Realität zu verlieren, bietet der wissenschaftliche Kongress die Möglichkeit zur ersten kritischen Auseinandersetzung mit noch ›Unwissenden‹ oder kritischen Geistern.

Analog zur Auswahl an wissenschaftlichen Fachzeitschriften ist das Spektrum an wissenschaftlichen Kongressen, Tagungen, Meetings, Symposien und Workshops kaum mehr zu überschauen. Häufig dienen viele dieser Veranstaltungen mehr der Profilierung der Veranstalter als dem Zweck der wissenschaftlichen Diskussion oder der fachlichen Fortbildung. Gerade bei der Auswahl des richtigen Kongresses zählt der Rat von ›kongresserfahrenen‹ Kollegen. Grundsätzlich gilt, dass ***regionale Kongresse*** oft der am besten geeignete Einstieg für Kongressfrischlinge sind. Die Überschaubarkeit des Publikums, der nicht exorbitant wissenschaftlich ambitionierte Anspruch und die meist informelle Atmosphäre sind gut geeignet, erste Erfahrungen mit wissenschaftlichen Kongressen zu sammeln. In der Regel bieten die Vortrags- und Postersitzungen auf kleineren, regionalen Kongressen auch eine wesentlich bessere Möglichkeit, wissenschaftliche Beiträge zu diskutieren als die großen Massenveranstaltungen, wie der ASCO (American Society of Clinical Oncology) oder ASH (American Society for Hematology) mit über 20.000 Teilnehmern. Schließlich ist auf regionalen Kongressen fast immer ein erfahrener Kollege aus der Klinik greifbar, der dem Vortragenden psychisch und verbal bei seiner Präsentation beistehen kann. Auf der anderen Seite sind wissenschaftliche Präsentationen auf den ***großen, renommierten Kongressen*** mit wesentlich größerem Prestige assoziiert und bieten die Gelegenheit, die Ergebnisse einem internationalen Publikum vorzustellen und unter die kritischen Augen der internationalen Meinungsbildner zu legen.

Die Frage, ob dieselbe wissenschaftliche Arbeit auf mehreren Kongressen präsentiert werden soll und darf, kann man nur mit einem entschiedenen ›Jain‹ beantworten. Die meisten internationalen Kongresse fordern offiziell, dass die wissenschaftlichen Ergebnisse bis zum Kongress der Öffentlichkeit noch nicht vorgestellt wurden. Dieser Anspruch ist bei großen Studien mit internationalem Einfluss auch sicher sinnvoll: Studienergebnisse, welche voraussichtlich Einfluss auf den internationalen Therapiestandard haben werden, sollten auch erstmals einem internationalen Publikum unter Anwesenheit entscheidender Verantwortungsträger präsentiert werden. Andererseits trifft dieser Anspruch wohl nur auf eine verschwindend geringe Minderheit von Studienergebnissen zu. Die überwältigende Mehrheit von wissenschaftlichen Präsentationen wird auch auf großen internationalen Kongressen wohl nur von einem kleinen Publikum beachtet werden. Die Wahrscheinlichkeit, dass jemand sich auf einem Kongress in Chicago oder Sydney darüber beschwert, die Studienergebnisse erst kürzlich im bayerischen Bad Reichenhall gehört zu haben, dürfte getrost als ziemlich gering eingeschätzt werden. Die meisten Wissenschaftler, die gerade keine nobelpreisverdächtige Arbeit vorzuweisen haben, verfolgen deshalb häufig eine ***Stufenstrategie***: die Präsentation der Ergebnisse auf einem regionalen oder deutschen Kongress, die Vorstellung auf einem internationalen europäischen Treffen und schließlich die Feuerprobe auf einem großen internationalen, meist US-amerikanischen Kongress. Man sollte allerdings bei dieser Strategie auf Interessenskonflikte zwischen den Kongressen achten und im Zweifelsfall auf eine Kongresseinreichung verzichten.

Die Kongressverantwortlichen entscheiden einige Zeit vor Beginn der wissenschaftlichen Tagung, ob und in welcher Form ein wissenschaftlicher Beitrag zur Präsentation akzeptiert wird. Diese Entscheidung basiert auf einer Kurzzusammenfassung (Abstrakt) von Fragestellung, Methode, Ergebnissen der wissenschaftlichen Arbeit und der aus ihr resultierenden Schlussfolgerung.

Kriterien zur Beurteilung eines Abstrakts

- Klarheit und Relevanz der Fragestellung
- Originalität der Arbeit
- Güte der Methodik
- Übersichtliche und klare Darstellung der Ergebnisse
- Nachvollziehbarkeit der Schlussfolgerungen

Rechtzeitig vor dem Kongress werden dann all jene, die einen Abstrakt eingereicht haben, darüber informiert, ob und in welcher Form ihr wissenschaftlicher Beitrag zur Präsentation akzeptiert wurde.

Während Manuskripte für Artikel in Fachzeitschriften zu jeder Jahreszeit eingereicht werden können, sollte man den ***Einsendeschluss*** für die Einreichung von Abstrakts für Kongresse ***beachten*** und sie ebenso wie die eigentlichen Kongressdaten in den persönlichen Kalender eintragen. Schließlich sollten alle Koautoren vor der Einreichung noch die Möglichkeit haben, Änderungsvorschläge (oder im schlimmsten Fall den Verzicht auf die Koautorenschaft) mitzuteilen. Auch wenn die elektronische Kommunikation via E-Mail diesen Prozess ebenso wie die Abstrakteinreichung via Internet deutlich beschleunigt, sollte man für die Erstellung von Abstrakts, deren Zirkulation unter den Koautoren und die nötige Revision ***ausreichend***

Zeit einplanen. Meist kann man bei Einreichung eine Präferenz für die Präsentation des Beitrages als Poster oder als Vortrag (sog. ›freier‹ Vortrag im Gegensatz zu geladenen Vorträgen) äußern. Gewöhnlich wird man sich immer die Präsentation als Vortrag wünschen, durch die ein größeres Publikum erreicht werden kann. Man sollte aber nicht enttäuscht sein, wenn dann doch ›nur‹ eine Posterpräsentation gewährt wird: In der Regel werden nur die besten wissenschaftlichen Beiträge als Vorträge zugelassen, weil sonst das Zeitkorsett der Tagung gesprengt würde. Bei vielen, vor allem spezialisierten Kongressen ist aber auch eine Posterpräsentation durchaus mit Prestige verbunden. Diese gilt vorrangig für US-amerikanische Kongresse, die den Posterpräsentationen generell einen höheren Stellenwert einräumen.

Naht der Tag der Vortrages oder der Posterpräsentation, so ist es gerade für Einsteiger ratsam, eine ***Probevorstellung*** vor einem ausgewählten Publikum zu geben. Diesen Rat sollte man nicht der Furcht unterordnen, vor nahe stehenden Kollegen der eigenen Klinik Schwächen zu offenbaren. Viel schlimmer sind peinliche Situationen, die unkontrollierbar bei einem Kongress auftreten und meist dann doch von Kollegen oder gar dem eigenen Chef beobachtet werden. Sinn und Zweck des Probevortrages in der eigenen Klinik sollte sein, sich mit dem Thema und dessen Präsentation vertraut zu machen und diese durch die konstruktive Kritik der Kollegen zu verbessern. Die (gut gemeinte) Kritik der Kollegen sollte folgende Aspekte umfassen:

- ***Zeit?*** Die vorgegebene Zeitdauer des Vortrages (meist fünf oder acht Minuten) sollte strikt eingehalten werden. Es gibt kaum einen verlässlicheren Weg, die Vorsitzenden und das Publikum zu verärgern und auf eine besonders kritische Diskussion einzuschwören, als hemmungslos die Vortragszeit zu überziehen.
- ***Rhetorik?*** Ein hervorragender Leitfaden mit Tipps für wissenschaftlichen Vorträge ist unter dem Titel ›Das erste Dia bitte‹ im Zuckschwerdt Verlag erschienen und gibt wichtige Hinweise. Die unterschiedliche rhetorische Verpackung ein und desselben wissenschaftlichen Inhaltes kann völlig verschiedene Reaktionen auslösen.

Man sollte den Stellenwert der sprachlichen, mimischen und gestischen Erscheinung auf die Zuhörenden nicht unterschätzen.

- ***Dias?*** Sind die Dias oder das Poster verständlich und klar? Dias sind nicht geeignet, einen schlechten Vortrag aufzuwerten oder dem Vortragenden als Redemanuskript zu dienen. Sie sollten in möglichst schlichtem Design dem Zuhörer als eine optische Strickleiter das Folgen des Referats erleichtern. Besonders gute Vorträge kommen allerdings fast ohne Dias aus. Dias sollten zu keinem Zeitpunkt der Hauptfokus des Vortragenden sein.
- ***Inhalt?*** Das Probepublikum sollte sich nicht scheuen, möglichst viele kritische Fragen an den Vortragenden zu richten und schonungslos die Schwachpunkte der Arbeit aufzudecken. Es ist viel besser, schwitzend das Kreuzverhör der eigenen Kollegen zu überstehen, als in einer Diskussion vor Hunderten von Zuhörern unterzugehen.

Die Vorbereitung auf die Diskussion des Beitrages sollte sicherstellen, dass man in seiner eigenen Thematik, den Daten und den assoziierten Themenbereichen firm ist. Die wichtigsten Veröffentlichungen zu dem Thema sollte man eigentlich schon vor Beginn der Arbeit gelesen haben. Jetzt ist aber sicher der Zeitpunkt gekommen, das Versäumte noch schnell nachzuholen und auch das herauszufinden, was man eigentlich schon wissen sollte. Wer nur seine eigene Zahlen kennt, ohne sie sinnvoll in einen größeren Kontext einfügen zu können, erweist nicht nur der Allgemeinheit wenig Gefallen, sondern macht auch bei einer wissenschaftlichen Diskussion eine schlechte Figur. Zudem muss die Vorbereitung auf die Diskussion keine verlorene Zeit sein: Für das spätere Verfassen eines Artikels (und das sollte man mit jedem Kongressbeitrag schon aus Effizienzgründen anstreben) muss man diese Zeit ohnehin investieren. Notorische Zeitsparer verbinden die beiden Aufgaben: Sie verfassen in Vorbereitung auf den Kongressbeitrag gleich das Manuskript und gehen so ganz gelassen und bestens vorbereitet in den Vortrag. Die Aufarbeitung der Diskussionsbeiträge bereichert im Idealfall gleichzeitig die Diskussion im Manuskript.

Nicht zuletzt bieten Kongresse aber auch die einzigartige Möglichkeit, fachliche Fortbildung, wissenschaftliche Leidenschaft und vor allem viel Spaß miteinander zu verbinden. Das Wiedersehen mit Kollegen von Kliniken aus anderen Städten, die man selten außerhalb von Kongressen zu sehen bekommt, das Kennenlernen einer neuen Stadt und nicht zuletzt so mancher spät gewordene Abend in der örtlichen Kneipe sollten nicht die einzigen Erinnerungen an einen Kongress sein. Aber Kongressbesuche ohne sie wären um ein Vielfaches ärmer.

2.2 *Kurz und bündig* – Abstrakts für einen Artikel oder einen Kongressbeitrag

Das Verfassen eines Abstrakts ist meist der Beginn für weitere publizistische Unternehmungen – oder sollte es zumindest sein. Im Grunde unterscheidet sich der Abstrakt für einen Kongressbeitrag nicht wesentlich von dem eines Originalartikels: ein Beispiel für sinnvolles publizistisches Recycling und gezielte Zeitersparnis. Es lohnt sich also, einige Gedanken, Mühe und Zeit zu investieren, um einen durchdachten, klaren und überzeugenden Abstrakt zu schreiben. Dient dieser ›nur‹ der Anmeldung für einen Kongressbeitrag, so wird man durch einen erstklassigen Abstrakt das bestmögliche Präsentationsformat erzielen und womöglich sogar für einen Vortrags- oder Posterpreis vorgemerkt werden; dazu legt man eine gute Grundlage für das Erstellen der schriftlichen Publikation. Für eine Veröffentlichung ist das Abstrakt ohnehin die wichtigste Visitenkarte: Die Mehrzahl der Leser wird anhand des Abstrakts entscheiden, ob sie sich die Mühe machen, den gesamten Text des Artikels mit all seinen Details zu lesen. Man sollte auch nicht vergessen, dass der Abstrakt einer Originalpublikation in einem Index Medicus indizierten Journal fortan weltweit einer nahezu unbegrenzten Öffentlichkeit zur Verfügung stehen wird. Und wer möchte schon eine wenig ansprechende, schmuddelige Visitenkarte einem internationalen Besucher übergeben?

Das Verfassen des Abstrakts beginnt mit zwei unerlässlichen Fragen: ***Titel*** und ***Autorenschaft***. Der Titel sollte möglichst kurz und klar den Gegenstand der wissenschaftlichen Arbeit formulieren und vor allem die Aufmerksamkeit des Lesers auf sich ziehen. Die Entscheidung, ob sich jemand mit dem Inhalt des Abstrakts näher beschäftigen wird, fällt fast ausschließlich durch den Titel im Inhaltsverzeichnis einer Fachzeitschrift oder in der Ergebnisliste einer Literatursuche. Unterschiedlich gehandhabt wird hingegen, ob das Ergebnis der Arbeit bereits im Titel vorweg genommen werden soll. So lautet ein guter beschreibender Titel einer Publikation von Bernard Fisher aus dem ›New England Journal of Medicine‹: ›Eight-year results of a randomized clinical trial comparing total mastectomy and lumpectomy with or without irradiation in the treatment of breast cancer‹. Eine alternative Möglichkeit für die Formulierung des Titels wäre die Bekanntgabe der Schlussfolgerung aus den Studienergebnissen gewesen, wie etwa ›Irradiation reduces the probability of local recurrence of breast cancer in patients treated with lumpectomy.‹ Unterschiedliche Fachzeitschriften verfolgen hier auch verschiedene Strategien, so dass ein Blick in das Inhaltsverzeichnis einiger Exemplare des Journals hilfreich sein kann. Man sollte auf alle Fälle vermeiden, lange Titel zu formulieren, die das Lesen des Abstrakts überflüssig machen, die maximale Anzahl an

Oswald Huber/CCC, www.c5.net

Wörtern für einen Abstrakt zu einem Gutteil verbrauchen und die Unfähigkeit des Autors demonstrieren, sich kurz zu fassen.

Die Frage nach der korrekten Autorenschaft für einen Artikel ist kniffelig, und nicht selten der Ursprung für vorübergehende oder dauerhafte Befindlichkeitsstörungen von KollegInnen. Die Basis für die Zugehörigkeit zur Autorenliste eines Vortrages oder eines Artikels ist eigentlich simpel: ein ***wesentlicher wissenschaftlicher Beitrag*** bei der Durchführung des Arbeit. Dieser Beitrag kann in der wissenschaftlichen Idee liegen, in der Durchführung von Laborarbeiten, in der Patientenrekrutierung und -behandlung, in der Auswertung der Ergebnisse, in der Überarbeitung des Manuskriptes oder anderen tatsächlichen Beiträgen, die merkliche Spuren im Gesamtwerk hinterlassen. Die offiziellen Richtlinien für die Auswahl von Autoren sind in den ›Uniform requirements for manuscripts submitted to biomedical journals‹ des ›International Committee of Medical Journal Editors‹ zusammengefasst (Ann Intern Med 1997; 126:36–47). In der Praxis wird die Auswahl der Autoren allerdings nicht immer diesen ehernen Richtlinien folgen. Gelegentlich tauchen auch Kollegen in der Autorenliste auf, die nur einen marginalen Beitrag zur wissenschaftlichen Arbeit geleistet haben, sich aber auf andere Weise verdient gemacht haben. Jeder muss für sich entscheiden, ob er solchen, mehr politischen Erwägungen folgen möchte oder nicht; es gibt auch andere Formen, Dankbarkeit oder Loyalität zu bezeugen als eine Koautorenschaft.

Auf jeden Fall sollte man darauf verzichten, Personen aus falsch verstandener Dankbarkeit zu ***Koautoren*** zu ernennen, wenn sie von ihrem Glück noch gar nichts wissen und aus heiterem Himmel auf einen ›ihrer‹ Artikel angesprochen werden. Die Mindestvoraussetzung für jeden Koautor muss sein, den Artikel gelesen zu haben und mit ihm einverstanden zu sein. ***Erstautor*** wird gewöhnlich derjenige sein, der den Artikel tatsächlich geschrieben und den Großteil der Arbeit geleistet hat, während der letzte Autor in der Liste, der ***Seniorautor***, in der Regel der ›Vater‹ der Idee und oft der Leiter der Arbeitsgruppe, des Labors oder der Abteilung ist. Es sind diese beiden Autorenschaften, die hauptsächlich beachtet werden, und auch vorwiegend für das wissenschaftliche benchmarking, etwa im Rahmen eines Habilitationsprozesses, herangezogen werden.

Aufbau von Abstrakts

- Einleitende Sätze
- Fragestellung
- Beschreibung der Methodik
- Zusammenfassung der Ergebnisse
- Schlussfolgerung

In den ***Autorenrichtlinien für Abstrakts*** (sowohl bei Kongressen als auch für schriftliche Publikationen) ist in der Regel explizit festgelegt, wie das Abstrakt gegliedert sein soll, und ob die verschiedenen Abschnitte des Abstrakts mit Überschriften versehen sein sollen. Meist wird auch eine maximale Anzahl von Wörtern (z.B. 250 Wörter) oder Zeichen (z.B. 1.500 Zeichen ohne Leerzeichen) definiert. Möchte man Zeichen sparen, so bieten sich ***Abkürzungen*** für häufig verwendete Wörter an. Alle Abkürzungen, außer diejenigen, die allgemein akzeptiert werden (wie i.e., im Englischen für ›for example‹), sind allerdings bei der ersten Verwendung zu ***definieren***. Literaturhinweise, Handelsnamen und Firmenangaben sind im Abstrakt zu vermeiden.

Zusammenfassend ist das Abstrakt ein kleiner Artikel in sich, der dem Leser entweder Appetit auf mehr machen oder den Magen gehörig verderben kann. Gedanken und Zeit, die man investiert, um einen Abstrakt zwar knapp, aber präzise, vollständig und schlüssig zu formulieren, zahlen sich später mehrfach aus. Ein schlampiger Abstrakt ist ein Garant dafür, dass dem ›Produkt‹, das man verkaufen möchte, also der wissenschaftlichen Arbeit, wenig Interesse entgegen gebracht wird.

2.3 *Erst grübeln, dann dübeln* – Das Erstellen einer Gliederung und schrittweises Vorgehen

Die natürlichen Feinde des Artikelautors sind nicht die Editoren, die Gutachter oder gar die Leser – es ist in Wirklichkeit ein Gespenst, das seinem Namen alle Ehre macht, da es nicht sichtbar, hörbar oder fassbar ist. Es hat viele Namen, auch wenig schmeichelhafte in deutscher Sprache, während es unsere amerikanischen Freunde einfach ›***writers block***‹ nennen. Es gibt wohl kaum jemanden, der diese Situation nicht kennt: Man weiß, man sollte einen Artikel schreiben, hat eigentlich gute Daten, die es zu veröffentlichen gilt. Der Chef drängt, die Uhr tickt, die Laborkollegen quengeln, und doch erfindet man unzählige Ausreden, warum das Paper noch nicht geschrieben ist. Je früher man in seiner publizistischen Laufbahn steckt, desto schwieriger ist es, diesen ›writers block‹, also die Hemmschwelle, mit dem Verfassen eines Manuskriptes zu beginnen, zu überkommen. Die Situation ist ganz vergleichbar mit der Steuerklärung: Je länger man sie vor sich herschiebt, desto schmerzhafter wird deren Erstellung, desto länger dauert sie, und umso länger muss man auf die Belohnung in Form der Rückzahlung warten. Man hat leicht reden, wenn man gerade nicht betroffen ist, aber der beste Weg, den Auswüchsen des ›writers block‹ zu begegnen, ist wohl: ›***Just get started!***‹.

Der erste Entwurf eines Manuskriptes muss nicht perfekt sein, ja nicht einmal ansehnlich, man wird ihn ohnehin noch einige Male überarbeiten müssen. Aber wenigstens hat man mit einem ersten Entwurf eine Arbeitsgrundlage, um anschließend weiterzukommen. Die Erfahrung zeigt: Liegt erst einmal ein vorläufiger Entwurf vor, ist die Fertigstellung in greifbarer Nähe. Vor allem die Perfektionisten unter den Lesern seien gewarnt: Wer schon im ersten Entwurf versucht, ein druckreifes Manuskript für das New England Journal of Medicine zu schreiben und sich in anfangs noch unwichtige Details verbeißt, wirft nicht selten frühzeitig das Handtuch.

Bevor das geistige Mountainhiking beginnen kann, schnüre man die Bergstiefel. In unserem Fall sollte man sich schon vor Beginn der eigentlichen Schreibarbeit zurechtlegen, was man später brauchen wird. Das werden zunächst natürlich die ***Daten*** sein, mit den entsprechenden ***Auswertungen***, und gegebenenfalls ***Photographien*** oder sonstige Elemente der eigentlichen wissenschaftlichen Arbeit (Kapitel 2.5). Ferner sollte man spätestens zu diesem Zeitpunkt die ***notwendige Literatur*** zur Hand haben und die Literaturstellen auch in ein Literaturverwaltungsprogramm eingegeben haben (Kapitel 1.3). Muss man die betreffende Literaturstelle erst zum Zeitpunkt des Zitates in das Programm eingeben, wird man zu sehr vom Schreiben abgelenkt und verliert zu viel Zeit. Schließlich sollte man die ***Autorenhinweise*** der Fachzeitschrift, für die man sich entschieden hat, vor dem Start noch einmal ***sorgfältig durchlesen*** (Kapitel 1.5).

Im nächsten Schritt sollte die Gliederung für das Manuskript entstehen.

Gliederung eines Manuskripts

- Titelseite
- Abstrakt
- Einleitung
- Methodikteil
- Ergebnisteil
- Diskussion
- Tabellen
- Abbildungen
- Literaturverzeichnis

Auf der ***Titelseite*** sind zunächst der Titel des Manuskriptes und die Autoren (mit oder ohne akademischen Titel, in Abhängigkeit von der Fachzeitschrift) mit vollständiger Zuordnung zur Institution (incl. deren komplette Postanschrift) zu finden. Der Kontaktautor, also der Ansprechpartner für die gesamte weitere Korrespondenz, wird gesondert mit kompletter Postanschrift und Kontaktmöglichkeiten via Telefon, Fax und E-Mail genannt. Gewöhnlich schließt sich die Danksagung an (etwa für eine finanzielle Unterstützung der wissenschaftlichen Arbeit oder intellektuelle Mithilfe, die nicht für eine Koautorenschaft qualifiziert). Der Running title, eine Kurzform des Titels mit max. 25 Zeichen, und die Keywords (Schlüsselwörter) bilden den Abschluss der Titelseite. Hinweise zu den weiteren Abschnitten des Manuskriptes finden sich in den weiteren Kapiteln dieses Leitfadens.

Ein erheblicher Vorteil, die ***Gliederung*** vor der Verfassung des eigentlichen Textes vorzubereiten, liegt darin, dass man während der gesamten Textarbeit Stichpunkte in den einzelnen Abschnitten sammeln kann. Ereilt den Autor etwa beim Niederschreiben des Methodikteils ein Gedankenblitz zur Diskussion (z. B. eine besondere Schwäche oder Stärke der wissenschaftlichen Arbeit), so kann er diesen gleich als Stichpunkt im betreffenden Abschnitt des wachsenden Manuskriptes ›ablegen‹. So wachsen jene Abschnitte, die man gerade nicht bearbeitet zumindest gedanklich mit und Ideen gehen nicht verloren. Bevor man sich schließlich an die Ausarbeitung eines neuen Abschnittes macht, sollte man die gesammelten Gedankenblitze sichten, nach Relevanz sortieren und in eine gedankliche Reihenfolge bringen.

Man sollte sich davor hüten, das Manuskript in der Reihenfolge zu schreiben, wie es schließlich der Leser konsumieren wird. Das heißt konkret: Man sollte nicht mit der Einleitung beginnen, denn selten wird sie brillant werden, wenn die restlichen Anteile des Manuskriptes noch nicht geschrieben sind. Vorausgesetzt, man verfügt schon über einen guten, ausformulierten ***Abstrakt***, sollte man sich als nächstes an den ***Methodikteil*** machen. Es ist jener Teil, der am einfachsten zu verfassen ist, denn letztendlich muss man ›nur‹ das eigene Vorgehen beschreiben, und im Falle von ›Wiederholungstaten‹ hat man auch schon einen Fundus von Formulierungen, auf den man sich stützen kann.

Der nächste Schritt wird der ***Ergebnisteil*** sein, den man gerne hinter sich bringt, weil er am trockensten zu schreiben ist, aber auch die besten Ideen für die ***Diskussion*** liefert. Nachdem man Tabellen und Abbildungen fertig gestellt hat, wird man sich entweder zunächst an die Diskussion oder eben die ***Einleitung*** machen. Beide dieser

Abschnitte eines Artikels ähneln sich in ihrem Wesen, auch wenn die Zielsetzung natürlich jeweils eine andere ist.

Zwei Tricks, die bei der Erstellung vor allem längerer Manuskripte gute Dienste erwiesen haben, sind die einfachen Mittel der ***Gelbmarkierung*** und der ***Auslagerungsdatei.*** Die Farbmarkierung, die in Word mit diesem Symbol ausgelöst wird, ist ein einfaches, aber wirksames Instrument, Text vorübergehend zu markieren. Man kann sie etwa als Erinnerung für eine noch notwendige Überarbeitung einsetzen oder um bestehende Lücken, Fehler, etc. zu markieren. So wird man die entsprechenden Textpassagen leicht wieder finden. Ähnlich lassen sich übrigens Sonderzeichen bei längeren Texten einsetzen. Fügt man z.B. das ***›$‹-Zeichen*** an einer beliebigen Stelle im Text ein, so wird man diese Textstelle über die Suchfunktion des Textverarbeitungsprogrammes leicht wieder finden, da es in medizinischen Manuskripten sonst nicht vorkommt und damit wie ein ***Lesezeichen*** funktioniert.

Ein weiteres Hilfsmittel, Gedanken und Textpassagen nicht zu verlieren, ist die Auslagerungsdatei. Jeder kennt das Prinzip von seinem Arbeitszimmer: Irgendwo findet sich immer eine Schublade, eine Kiste oder ein sonstiges Versteck mit einem Allerlei an Dingen, die zu schade sind, weggeworfen zu werden, sich aber auch nicht für die ordentliche Ablage eignen. Analog kann man auch in die Auslagerungsdatei Textpassagen, Literaturstellen, Ideen ungeordnet stecken, von denen man noch nicht weiß, ob, wo und wie man sie in das Manuskript integriert. Wie beim Frühjahrsputz des Arbeitszimmers wird man auch gegen Ende der Manuskriptbearbeitung entscheiden müssen, welche Elemente man noch ›verbrät‹, und welche Gedankenblitze retrospektiv doch nicht so genial waren und in den elektronischen Mülleimer kommen.

Bei all den vorbereitenden Gedanken für die Manuskripterstellung sollte man allerdings nicht vergessen: Je länger man wartet und grübelt, desto größer wird tendenziell der ›writers block‹. Sich gut vorzubereiten, ist wie im richtigen Leben zwar schon die halbe Miete. Wer sich allerdings nur in die Vorbereitung flüchtet, wird schließlich nie zu einem fertigen Manuskript kommen. ***Once again: just do it!***

2.4 *Der Appetizer vor dem Mahl –* Die Einleitung als gelungener Einstieg in einen Artikel

Ergebnisse kommunikationswissenschaftliche Untersuchungen bei wissenschaftlichen Vorträgen zeigen: Es entscheidet sich bereits während der ersten wenigen Sätze, ob ein Zuhörer den Vortrag aufmerksam verfolgen wird oder ob er gedanklich schon zur kulinarischen Wochenendplanung übergeht. Ein Redner, der gelangweilt zum Pult schleicht und seinen Vortrag mit der berüchtigten Einleitung ›*Das erste Dia, bitte*‹ beginnt, muss sich im weiteren Verlauf schon sehr anstrengen, sein Auditorium wieder zurück zu gewinnen – der Kampf ist meist schon verloren. Bei kleinen Kongressen hilft dem Vortragenden zwar die Gruppendynamik – nur selten werden es Zuhörer wagen, den Vortrag vorzeitig zu verlassen – aber die rein physische Präsenz der Zuhörer täuscht über ihre abschweifenden Gedanken an Dienstplan, Abendessen oder den Kratzer am Kotflügel des Porsches hinweg.

Eine vergleichbare Gefahr, aber auch eine große Chance, steckt in der Einleitung zu einem Artikel. Wer in der Einleitung nur zum millionsten Mal auf die enorme Häufigkeit von Brustkrebs hinweist, um dann schließlich die 48. Studie zur Bedeutung des Lokalrezidives anzukündigen, wird hinnehmen müssen, dass sich viele Leser gegen die weitere Lektüre des Artikels entscheiden – auch wenn die Daten im Abstrakt interessant klangen. ›***The introduction sets the scene***‹, ist eine gute Beschreibung dessen, was man mit der Einleitung hauptsächlich bezwecken möchte. Die Einleitung bereitet den Leser inhaltlich auf den Artikel vor und teilt ihm mit, welche interessante Frage danach beantwortet sein wird.

Aufgrund dieser Zielsetzungen definieren sich die drei Inhalte der Einleitung eines Artikels: ***Hintergrund***, ***Rationale*** und ***Fragestellung***. Die Beschreibung des Hintergrundes setzt den Leser in einem knappen Absatz in Kenntnis, auf welchem Gebiet der Medizin er sich gerade befindet, und warum es besonders interessant ist, sich damit zu beschäftigen. Dieser erste Absatz eines Artikels ist meist der schwierigste. Denn man sollte es auf der einen Seite schaffen, den

Leser mit allem nötigen Hintergrundwissen für das Verstehen der wissenschaftlichen Fragestellung zu versorgen und seine Neugierde zu wecken, ohne auf der anderen Seite ihm das Gefühl zu geben, belehrt zu werden. Um Leser zu vergraulen, wäre ein sicheres Mittel, im ersten Absatz des Artikels einfach nur Lehrbuchwissen wiederzugeben, da der Leser selbstverständlich davon ausgeht, all das schon zu wissen. Man sollte vielmehr versuchen, die ***wichtigsten Fakten*** zu ***präsentieren***, um den Leser zu orientieren, allerdings nicht durch Dozieren.

Dieser erste Absatz sollte direkt auf die Rationale der wissenschaftlichen Untersuchung hinweisen, die im zweiten Absatz dem Leser schildert, warum genau diese Arbeit die wichtigste der letzten 20 Jahre ist. ›***Describe the challenge***‹: Erkläre, warum sich genau diese Arbeit einer wichtigen Herausforderung der Wissenschaftswelt stellte. Mit der ***präzisen Fragestellung*** endet schließlich die Einleitung.

Die Einleitung sollte möglichst nicht mehr als eine DIN A 4 Seite (zweizeilig) im Manuskript und zwei Absätze umfassen. Sie sollte der Einstieg in den Artikel sein, ohne den Artikel vorweg zu nehmen. Dazu gehört es, Zahlen aus dem Ergebnissteil nicht schon in der Einleitung zu verraten und auf Schlussfolgerungen ganz zu verzichten. Es ist zwar akzeptabel, den Endpunkt und das Hauptergebnis der Studie bereits in der Einleitung zu benennen, wie etwa: ›***…in this study we found axillary lymph node metastases in 47% of the eligible patients.***‹ Dieses Mittel sollte aber sparsam eingesetzt und nur verwendet werden, wenn dadurch das Interesse am Artikel eher vergrößert als die Spannung verringert werden kann. Keinesfalls sollte das Ergebnis kommentiert oder mit anderen Studien verglichen werden – das gehört in den Diskussionsteil des Artikels. Der wichtigste Rat für die Einleitung dürfte allerdings keineswegs neu sein: Wer sich mit knapper und prägnanter Formulierung auf zwei kurze Absätze beschränkt, wird die Gutachter und die Leser am ehesten für den Artikel gewinnen.

2.5 *KISS: Keep it small and simple* – Die Gestaltung des Methodikteils

Zugegeben: Der Methodikteil dürfte durchschnittlich der am wenigsten gelesene Teil eines wissenschaftlichen Artikels sein. Dementsprechend wird dieser Abschnitt eines Manuskriptes häufig stiefmütterlich behandelt: Es werden Vorgehensweisen erfunden, ganze Textbausteine aus anderen Studien kopiert oder unpräzise Angaben gemacht. Was aber viele vergessen: Der Methodikteil ist ***der Gradmesser*** für die Glaubwürdigkeit der Ergebnisse. Ein schlampiger Methodikteil lässt den erfahrenen Leser automatisch an den Resultaten der Studie zweifeln, und selbst die interessantesten Ergebnisse taugen nichts, wenn man nicht nachvollziehbar glaubhaft machen kann, dass diese auch wirklich verlässlich sind.

Jan Tomaschoff/CCC, www.c5.net

Die ***Intention*** des Methodikteils liegt darin, dem Leser zu schildern, ***wie*** die im Ergebnisteil zusammengefassten ***Resultate erhoben*** wurden. In der Regel sollte diese Schilderung in der Vergangenheitsform formuliert werden. Es kann hilfreich sein, den Methodikteil in einzelne Abschnitte mit eigenen Überschriften zu gliedern. Eine solche Gliederung im Falle einer klinischen Studie sollte etwa folgende fünf Abschnitte beinhalten:

Die fünf Abschnitte des Methodikteils

1. Selektionskriterien für das Patientenkollektiv
2. Studiendesign
3. Behandlungsprotokoll
4. Zielkriterien mit deren Definition und Erhebung
5. Statistische Auswertung

Freilich werden die einzelnen Elemente einer solchen Gliederung von Forschungsarbeit zu Forschungsarbeit sehr variieren. Bei Untersuchungen am Menschen ist allerdings die Beschreibung des Patientenkollektivs immer ebenso elementar, wie eine genaue Beschreibung der diagnostischen oder therapeutischen Intervention und die genaue Definition dessen, was man gemessen hat. Für die Definition der Zielparameter sollte man möglichst bekannte, ausreichend validierte Kriterien heranziehen wie etwa die WHO- oder RECIST-Kriterien für Tumoransprechen oder die CTC-Kriterien für die Messung der Toxizität einer Behandlung.

Exemplarisch wollen wir die Inhalte für die oben genannten fünf Elemente des Methodikteils einer klinischen Studie schildern. Bei den ***Selektionskriterien*** sollte man alle relevanten Einschluss- und Ausschlusskriterien für die Auswahl des Patientenkollektivs nennen. Die Tumorstadien der Patienten müssen ebenso erkenntlich sein wie eine potenzielle Vorbehandlung der Patientinnen. Wenig innovativ, aber notwendig ist der Hinweis auf die Einhaltung ethischer Standards für Studien am Menschen, also beispielsweise der Hinweis auf die Deklaration von Helsinki und/oder ein positives Votum der zuständigen Ethikkommission. Das Gleiche gilt für das Vorliegen der schriftlichen Einverständniserklärung der Patienten. Die Beschreibung des ***Studiendesigns*** entspricht häufig einer kurzen Zusammenfassung des Studienprotokolls mit klarer Festlegung der Stufe der klinischen Untersuchung (z.B. ›Prospektiv randomisierte, ungeblindete, multizentrische Phase-III-Studie‹). Die Grundlage der Fallzahlkalkulation (z.B. Fleming One-Stage Phase II Design) sollte ebenso wenig fehlen wie die Anzahl der rekrutierten und auswertbaren Patienten.

Das ***Behandlungsprotokoll*** umfasst die Wirkstoffe aller in der Studie verwendeten Medikamente, deren Dosierung und Applikation, Zykluslänge und die Anzahl der Zyklen. Nicht fehlen dürfen die Kriterien für Dosisanpassungen und für die Beendigung der Studienteilnahme. Alle zusätzlichen Interventionen wie Operation, supportive Therapie oder Bestrahlungsplanung müssen ebenfalls angegeben werden.

Zur Beschreibung der ***Zielkriterien*** (outcome meassures) gehört eine möglichst genaue Beschreibung der Kriterien selbst und vor allem deren Erhebung. Dabei sollte man genau benennen, mit welchen Methoden der Ausgangstatus erhoben wurde (klinisch, sonographisch, computertomographisch, etc.) und wie die Bewertung des Ansprechens definiert wurde (z.B. partial response, stable disease, etc.). Das Zeitintervall zwischen den Erhebungszeitpunkten muss genau definiert werden (z.B. Dauer des Überlebens: vom Zeitpunkt des Studienbeginns bis zum Versterben aufgrund einer krebsassoziierten Ursache). Die Betrachtung der ***statistischen Analyse*** sollte alle verwendeten statistischen Tests beinhalten wie etwa T-Test, Chi-Quadrat-Test, Kaplan-Meier-Analyse etc., sowie die Angabe, welcher Test für welche Auswertung angewandt wurde. Schließlich muss das benutzte Statistikprogramm spezifiziert werden.

Lässt eine Fachzeitschrift die Nennung der Handelsnamen zu, sollte man diese in Klammern mit Hinweis auf den Markenschutz nur bei der ersten Verwendung des Wirkstoffes angeben. Literaturangaben werden im Methodikteil nur in geringem Ausmaß, vor allem für die statistische Analyse notwendig sein. Bei Anwendung einer Methodik, die nicht allgemein als Standard anerkannt ist, können entsprechende Literaturverweise zusätzlich hilfreich sein. Wegen seiner Überschaubarkeit sollte der Methodikteil der erste Abschnitt eines Manuskriptes sein, an dem man arbeitet. Ist dieser Abschnitt erst einmal im ›Kasten‹, so kann man zu Recht stolz auf sich sein: Der ***writers block*** ist schon einmal definitiv überwunden und damit die schwierigste Klippe vor der Fertigstellung des Manuskriptes übersprungen.

2.6 *Hilfe, ich ertrinke!* – Von der Datenlawine zum Ergebnisteil

Die Ergebnisteile der meisten Artikel lesen sich so trocken wie Saharasand im Hochsommer. Unter den meisten Artikelschreibern ist deshalb eine ähnliche Entwicklung festzustellen: Zu Beginn versuchen sie, es ›besser‹ zu machen und lockern den Ergebnisteil durch spannende Prosa, komplexe Satzkonstruktionen und farbige Adjektive auf. Genervt wird man dann als Einsteiger in die Welt der wissenschaftlichen Publikationen feststellen, dass sich die korrekturlesenden Kollegen ebenso an dem schönen, spannenden Meisterwerk der Unterhaltung stören wie die Gutachter der Fachzeitschriften. Schließlich wird man erkennen müssen, dass eine Zielsetzung definitiv nicht in das Repertoire des Ergebnisteils einer wissenschaftlichen Arbeit gehört: das Entertainment. Das soll nicht bedeuten, dass der Ergebnisteil nicht auch spannend zu lesen sein kann. Man tut allerdings gut daran, diese Spannung ausschließlich durch die logische, nachvollziehbare Abfolge bemerkenswerter Resultate zu erzielen.

In Kapitel 1.4 dieses Buches haben wir bereits einige Hinweise zur statistischen Auswertung von wissenschaftlichen Projekten gegeben. Der Ergebnisteil eines Manuskriptes ist schließlich das Ergebnis der statistischen Erbsenzählerei und so gewissermaßen das ***Herzstück*** eines ***Artikels***. Einen wichtigen Rat gilt es von Anbeginn an zu beherzigen: Der Ergebnisteil sollte mit der statistischen Auswertung wachsen. Wer die Ergebnisse erst nach Fertigstellung der Rechenarbeit zusammenfasst, um sich anschließend um Tabellen und Abbildungen zu kümmern, der schafft sich selbst unnötige Arbeit mit redundanten Gedankengängen. Auswertung, Ergebnisteil und Tabellen sowie Abbildungen in einem Arbeitsschritt, sozusagen aus

Jan Tomaschoff/CCC, www.c5.net

einem ›Guss‹ anzufertigen, erhöht nicht nur die Effizienz der Arbeit wesentlich, sondern schafft auch die besten Voraussetzungen für eine kohärente, schlüssige und vorteilhafte Darstellung der Ergebnisse einer Studie.

Das Ziel des Ergebnisteils eines wissenschaftlichen Artikels liegt vor allem darin, die ***›key findings‹*** so effizient wie möglich zu schildern. Bewertungen dieser Ergebnisse sollten in diesem Abschnitt des Manuskripts möglichst ganz vermieden werden, denn die ***Beurteilung*** der ***Resultate*** im Kontext mit vergleichbaren Studien, mit Stärken und Schwächen der eigenen Studie und mit der Relevanz für den medizinischen Fortschritt ist typischerweise ***Inhalt*** des ***Diskussionsteils*** eines Artikels. Allerdings sollte bereits das Studium der Ergebnisse dem Leser klar zu verstehen geben, ob das Ziel der Studie erreicht und die Fragestellung beantwortet wurde. Eine Gliederung der Ergebnisse in einzelne Abschnitte innerhalb des Ergebnisteils kann dabei die Klarheit der Darstellung merklich erhöhen. Eine Möglichkeit, die Ergebnisse zu sortieren, ist die ***Festlegung*** einer ***internen Hierarchie***, die von Standardauswertung (›the most known‹) bis zu experimentellen oder unkonventionellen Auswertungen (›not known‹) reicht. Als alternative Handhabe für die Gliederung der Ergebnisse gäbe es die ***Sequenz***, in der die Ergebnisse für die Art der Forschungsarbeit typischerweise dargestellt werden.

Folgende Aspekte stehen für eine beispielhafte Gliederung der dargestellten Forschungsergebnisse einer onkologischen Therapiestudie: ***Patientencharakteristika***, Ansprechraten, Überlebenszeiten, Toxizitäten, Dosisreduktionen. Bei den ***Patientencharakteristika*** sollte man neben Datumsangaben zum Durchführungszeitraum der Studie die Anzahl der Patienten angeben, die die Studienmedikation nicht erhalten haben (sog. Drop outs) sowie die Gründe dafür. Eine Tabelle sollte alle relevanten Charakteristika zur Beschreibung der ***onkologischen Ausgangssituation*** (z.B. Tumorgröße, Nodalstatus, distante Metastasen, histopathologisches Grading, vorausgegangene Therapien, rezidivfreies Intervall, etc.) zusammenfassen. Im korrespondierenden Textteil vermeide man Redundanz durch bloße Beschreibung der Tabelle und beschreibe, wenn überhaupt, die Charakteristika lediglich zusammenfassend.

Beim Bericht über die ***Ansprechraten*** wird zunächst die Anzahl der nicht auswertbaren und/oder exkludierten Patienten am Gesamtkollektiv, sowie die Gründe für den Ausschluss benannt. Gewöhnlich werden die Ansprechraten im Sinne einer partiellen oder kompletten Remission sowohl als ***›Intent-to-treat‹-Analyse*** (also mit der Patientenzahl des Gesamtkollektivs im Nenner) als auch als ***›Evaluable‹-Analyse*** (mit der Anzahl der auswertbaren Patienten im Nenner) bestimmt. Für alle Ansprechraten müssen die 95% Konfidenzintervalle beziffert werden.

Die ***Überlebensanalysen***, z.B. für das Gesamt- oder rezidivfreie Überleben, werden meist mittels Hochrechnung durch eine Kaplan-Meier-Analyse geschätzt, während manche Fachzeitschriften zusätzlich eine ›actuarial survival analysis‹, also die Auswertung der tatsächlich überlebenden Patienten während eines bestimmten Zeitraumes, fordern.

Die Angabe der ***Toxizitäten*** sollte auf einer etablierten Klassifikation basieren (z.B. CTC oder NCI) und wenigstens alle Grad 3 und 4 Nebenwirkungen sowie eine Zusammenfassung aller schweren unerwünschten Nebenwirkungen (SAEs, serious adverse events) beinhalten. Die Beschreibung der ***Dosisreduktionen*** sollte neben der Anzahl der geplanten und durchgeführten Therapiezyklen die Berechnung der geplanten und tatsächlichen Dosisdichte enthalten.

Noch einige Hinweise zur Darstellung von Ergebnissen in einem wissenschaftlichen Artikel: Wie immer gilt, Ergebnisse so präzise und knapp zu schildern wie möglich. Unnötige Füllwörter und prosaische Formulierungen stören in diesem Teil eines wissenschaftlichen Artikels besonders. Semantik, wie ›***in einer zusätzlich durchgeführten und notwendig erscheinenden Untersuchung einer interessanten Untergruppe von Patientinnen mit diagnostizierten Lungenmetastasen zeigte sich…***‹, sollte vermieden und ersetzt werden durch bündige Formulierungen: ›***Die Subgruppenanalyse von Patientinnen mit Lungemetastasen zeigte…***‹.

Folgende Hinweise gilt es bei der Darstellung von Ergebnissen zusätzlich zu beherzigen:

- Die Wiederholung von Teilen der Methodik im Ergebnisteil vermeiden
- Keine Angabe von Patientennamen
- Jedes Ergebnis sollte ein korrespondierendes Element im Methodikteil haben
- Konsistente Darstellung von Zahlenangaben (Rundung, Anzahl der Dezimalstellen, Tausenderstrichen, etc.)
- Für Mittelwerte und Medianwerte grundsätzlich entweder zusätzlich Minimal- und Maximalwerte oder die Standardabweichung bzw. Konfidenzintervalle angeben
- Korrekte Angabe von Signifikanzwerten bei allen statistischen Tests und eine klare Aussage über signifikante Ergebnisse anstatt vage Aussagen über Trends etc.

Die beste Nachricht: Mit Fertigstellung des Methodikteils und des Ergebnisteils samt Tabellen und Abbildungen (vgl. Kapitel 2.10) sind schon zwei Drittel des Artikels geschafft. Die üblicherweise noch zu verfassenden Abschnitte, also die Einleitung und die Diskussion werden zwar wahrscheinlich die anspruchsvollsten Etappen eines Artikels. Gleichzeitig sind sie aber auch jene Abschnitte, deren Komposition am meisten Spaß macht und die dem bereits Geschafften einen würdigen Rahmen verleihen.

2.7 *Vom roten Faden zum Abschleppseil –* Diskussion als Chance zum Publikationsmarketing

Die Diskussion sollte der Glanzpunkt eines Artikels sein. Das sagt sich leicht, und ist freilich gar nicht so einfach, begründet sich aber dadurch, dass die Diskussion vielfach der einzige Abschnitt des Artikels sein wird, den sich eilige Leser zu Gemüte führen. Der Grund dafür liegt wiederum darin, dass in der Diskussion alles brennend Interessante zu einer wissenschaftlichen Untersuchung zu finden ist: die Zusammenfassung der Ergebnisse, deren Stellenwert im Kontext mit dem bisherigen Stand der Erkenntnis, die Stärken und Schwächen der Untersuchung und, in Form der Schlussfolgerung, das abschließende Urteil. Will oder muss man Zeit sparen, so wird man die Lektüre eines Artikels auf das aufmerksame Lesen der Diskussion beschränken. Gründe genug, bei der Erstellung der Diskussion besondere Sorgfalt walten zu lassen.

Die Gliederung der Diskussion eines Artikels folgt einer eigenen Dramaturgie. Verbindendes Element aller Teile einer Diskussion sollte der ***›Rote Faden‹*** der Argumentation sein. Dies bedeutet, dass, dem Leser unbewusst, die ***Argumentationslinie*** der Diskussion aus einer Kette in sich schlüssiger und insgesamt kohärenter Einzelpunkte bestehen sollte, die das Gesamtbild eines wissenschaftlichen Disputs ergeben. Der Leser sollte am Ende einer Diskussion das Gefühl, wie nach einer exzellenten Führung durch eine Ausstellung, durch das ganze Panorama der betreffenden Thematik geführt worden zu sein, und diese (nun endlich) verstanden zu haben. Zudem sollte der Leser den Eindruck gewinnen, dass trotz aller offen gelegten Schwächen der Untersuchung, diese einen wesentlichen Beitrag für die Lösung der Problemstellung geleistet hat. Der ›Rote Faden‹ in der Diskussion entspricht im Idealfall einem unsichtbaren Museumsführer, dem es gelingt, auch der ärgsten Antikenbanause die assyrische Kultur lebendig und interessant erscheinen zu lassen.

Man beginnt die Diskussion am besten mit einem Absatz, der die ***essenziellen Ergebnisse*** der ***Untersuchung zusammenfasst.*** Man darf nicht davon ausgehen, dass der Leser den Ergebnisteil gelesen hat, oder sich an alle wichtigen Inhalte erinnern kann. Man hat in diesem Absatz deshalb die Chance, in wenigen Sätzen hervorzuheben, welche Ergebnisse man als besonders bemerkenswert erachtet. Spezielles Augenmerk sollte man dabei auf den ***ersten Satz*** legen. Auch wenn er uns sonst kein Vorbild sein sollte, in diesem Punkt kann man vom Sensationsjournalismus lernen: der erste Satz eines Absatzes oder eines ganzen Artikels entscheidet darüber, ob der Rest gelesen wird, oder nicht. Aus diesem Grund sollte man in diesen ersten Satz gleich die Kernaussage des Artikels packen, und sich so die Aufmerksamkeit des Lesers sichern. Dieses Stilmittel führt keineswegs dazu, dass dem Leser dadurch die Spannung genommen wird, weil nun die Lösung des Rätsels verraten wurde, sondern führt vielmehr dazu, dass er neugierig auf die ›ganze Geschichte‹ wird.

In den folgenden Absätzen sollte versucht werden, die Ergebnisse der Untersuchung in einen relevanten und interessanten ***Kontext*** zu stellen. Im Mittelpunkt stehen dabei zwei Gesichtspunkte: der Bezug zur Fragestellung und der Bezug zur bisher publizierten Literatur. Zum einen arbeiten Sie heraus, was Sie erreicht haben und was nicht, und vergleichen Sie mit der ursprünglichen Zielsetzung der Arbeit. Dabei sollten Sie bewusst nicht chronologisch, in der Reihenfolge der Arbeitsschritte der Untersuchung vorgehen, sondern in einer logischen Reihenfolge, die sich durch die Einordnung der Fragestellung in den klinischen oder experimentellen Kontext ergibt. Zum anderen wird das Herzstück der Diskussion auch durch die Auseinandersetzung mit der bestehenden Literatur gebildet werden.

In welchen Punkten stimmt die Arbeit mit bereits publizierten Artikeln überein, wo liegen die Unterschiede, welche Ergebnisse wider-

sprechen gar früheren Arbeiten? Man sollte dabei vermeiden, als ultimativer Richter über ›die Fehler der anderen‹ aufzutreten, sondern sollte vielmehr versuchen, die Unterschiede zwischen den Arbeiten zu erklären. Manche Unterschiede lassen sich durch verschiedenen Methodenansätze oder Patientenselektion erklären, ohne dass dies bedeutet, dass eine frühere Arbeit deshalb minderwertig sein muss. Tatsächliche Schwächen einer anderen Untersuchung kann und soll man zwar benennen, man sollte darin aber bewusst zurückhaltend sein. Überzogene Kritik wird nie zu einer Aufwertung der eigenen Untersuchungsergebnisse führen.

Einen Absatz der Diskussion sollte man den ***Schwächen*** und ***Grenzen*** der eigenen Arbeit widmen, die immer vorhanden sein werden. Diese Offenlegung ist nicht nur Ausdruck wissenschaftlicher Redlichkeit, sondern nebenbei auch ein Marketinginstrument für die Begutachtung. Gewinnen die Gutachter den Eindruck, dass die Autoren die Schwächen der Arbeit bereits selbst erkannt und benannt haben, wird dies ihrer Kritik deutlich Wind aus den Segeln nehmen, und ihr Urteil viel milder stimmen. ***Fähigkeit zur Selbstkritik*** ist generell eine wichtige Eigenschaft ärztlichen Handelns, und wird auch die Qualität jedes Artikels eher aufwerten. Bedeutend ist auch die Frage, welche Schlussfolgerungen man aus den Ergebnissen nicht ziehen kann. Oft kann man den Wert einer Methode oder Therapie erst richtig einschätzen, wenn man ihre ***Grenzen*** kennt. Es kann Ziel einer Untersuchung sein, solche Grenzen aufzuzeigen.

Schließlich ist die Diskussion der einzige Abschnitt eines Artikels, in dem man seiner Spekulationslust beinahe freien Lauf lassen kann. Allerdings ist ein Artikel auch nicht das Bregenzer Casino, so man Umfang und Gewagtheit der Spekulationen einem wissenschaftlichen Artikel anpassen sollte. ***Hypothesen*** können andererseits ein wichtiges, bereicherndes Element einer Diskussion sein, da Hypothesen ein fruchtbarer Nährboden für die Weiterentwicklung der Forschung sind. Der Unterschied zwischen einer (unerwünschten) Spekulation und einer (erwünschten) Hypothese ist dabei, dass die Spekulation mehr dem persönlichen Meinungsbild, dem Zufall oder einer Hoffnung entspringt, während die Hypothese Vermutungen entspricht, die durch die vorliegenden Daten eine zumindest weitgehend solide Grundlage hat. Hypothesen können die Würze in einer Diskussion sein, können aber bei übertriebener Spekulationslust die Suppe auch ganz schön versalzen.

Die Diskussion wird jener Teil eines Artikels sein, in dem man am häufigsten auf andere Literaturstellen verweist. Die Diskussion lebt ja vom ***Kontext***, und der spiegelt sich durch ***Literaturstellen*** wieder. Die Hinweise in Kapitel 1.2 und 1.3 dürften also besonders in diesem Abschnitt beachtenswert sein. Die Zusammenstellung der Literaturstellen für die Diskussion ist auch nicht selten ein Indikator für die Ausgewogenheit und für die Sorgfalt des Autors. Zitiert man nur jene Arbeiten, die die eigene Untersuchung unterstützen, und verschweigt solche Artikel, die dem eigenen Thema gefährlich werden können, gerät man, nicht zu Unrecht, schnell in den Verruf eines tendenziösen Schreiberlings. Wer zudem hauptsächlich sich selbst (also ältere Artikel aus eigener Schmiede) und ältere Werke aus dem Jahre 1978 zitiert, während die Literaturstellen aus dem letzten Jahr keine Berücksichtigung finden, wird sich eine gewissen Orientierungslosigkeit vorwerfen lassen müssen. Die Gutachter sollten in dem Fachgebiet auf dem aktuellsten Stand sein, und sind somit in der Regel in der Lage, solche Schwächen aufzuspüren.

Der Diskussionsteil eines Artikels erzählt die ***Geschichte*** einer ***Untersuchung***. Nicht ganz so prosaisch und spannend wie ein Kriminalroman von Henning Mankell, aber hoffentlich doch packend. Die Diskussion sollte jene Lebendigkeit und jenen Enthusiasmus widerspiegeln, die man häufig beobachten kann, wenn US amerikanische Wissenschaftler aufgefordert werden, auf einem Kongress ihr Poster vorzustellen. Der Aufforderung ›***walk me through your poster***‹ folgt meist eine begeisterte Geschichte über den Hintergrund der Untersuchung, ihre Ergebnisse und deren Bedeutung für Gegenwart und Zukunft. Perfektes Marketing eben. Wenn man dabei auch noch den roten Faden des Geschilderten entdecken kann, und die Schlussfolgerungen nachvollziehbar sind, kommt man ganz sicher nicht mehr auf die Idee, dass die Arbeit nicht besonders wichtig und interessant sein könnte. Die Chance, im Diskussionsteil seiner Hände oder seines Geistes Arbeit möglichst vorteilhaft verkaufen zu können, sollte man sich nicht entgehen lassen. Tell the story!

2.8 *So what, who cares?* – Die Schlussfolgerung als merkwürdiger Abgang

Die wirklich wichtigen Dinge im Leben vermögen wir meist sehr bündig auszudrücken, dagegen verleitet uns oft jenes zu langen Reden, dessen wir uns nicht so sicher sind. Wissenschaftliche Publikationen bilden zu dieser Regel keine Ausnahme. Ein fast eindeutiges Zeichen, dass sich die Autoren ihrer selbst und des Stellenwerts ihrer Erkenntnisse nicht so sicher sind, ist eine langatmige Schlussfolgerung am Ende eines Artikels. ›***Wenn man bedenkt, dass ... könnte man eventuell schlussfolgern, dass unter Umständen jenes vielleicht...***‹. Und schon wird der Leser bereuen, sich die Zeit für das Lesen des Artikels genommen zu haben. ›***So what, who cares?***‹ Was wir an US Amerikanern häufig verächtlich belächeln, nämlich ihren Sinn für Pragmatik in fast allen Lebenslagen – von der Automatikschaltung im PKW über amerikanische Spezialitätenrestaurants mit schottisch klingenden Namen bis hin zu Büchern, die auf 80 Seiten unser Leben verändern sollen – findet in vielen Publikationen von jenseits des großen Teiches nicht selten ein brillantes Äquivalent. ›***Was soll's?***‹: Bleibt diese Frage ohne eine knappe klare Antwort am Ende des Manuskriptes, werden die meisten Gutachter ein unzufriedenes Seufzen von sich geben.

Unabhängig davon, ob die Autorenrichtlinien einer Fachzeitschrift die Schlussfolgerungen als Abschnitt mit eigener Überschrift vorsehen oder dazu keine formale Vorgabe machen, wird man am Ende eines guten Artikels immer eine ***prägnante Zusammenfassung*** der Antwort auf die oben genannte Frage finden. Eine gute Schlussfolgerung wird die vorgestellten und diskutierten Ergebnisse vor dem Hintergrund der Fragestellung reflektieren. Der Leser wird dabei das Gefühl haben,

Volker Lange/CCC, www.c5.net

gleichsam beiseite genommen zu werden und von unabhängiger Seite gesagt zu bekommen, was nun wirklich Sache ist. Schon deswegen wird man die Schlussfolgerung ***im Tempus Präsens*** formulieren und von jeder Form von Übertreibung oder Manierismus Abstand nehmen. Beginnt man den Absatz mit: ›***Zusammenfassend schließen wir…***‹ – darf man sich der Aufmerksamkeit des Lesers schon sicher sein. Schließlich lieben wir alle Simplifizierungen, wenn wir das Gefühl haben, dass sie seriös sind: eben das Geheimnis von ›***Take Home Messages***‹.

Die ***Seriosität*** der ***Schlussfolgerung*** wird weitgehend dadurch bestimmt, ob sich die Schlussfolgerung tatsächlich durch die vorgestellten Daten ausreichend unterstützen lässt. Wer behauptet, einen neuen Therapiestandard begründet zu haben, muss sich warm anziehen oder exzeptionell gute Daten vorzuweisen haben. Andererseits sollte man die Schlussfolgerung so kernig wie möglich formulieren und wachsweiche Aussagen vermeiden. Kernstück der Schlussfolgerung soll sein, die Wichtigkeit der Erkenntnisse der Untersuchung einzuordnen. Selbstverständlich wird man hier versuchen, jene Aspekte hervorzuheben, von denen man glaubt, dass sie eine tatsächliche Bedeutung besitzen, und dafür weniger wichtige Elemente der Arbeit ignorieren. Am Ende der Schlussfolgerung, und damit auch am Schluss des Artikels, sollte der Blick nach vorne nicht fehlen – ›***so what?***‹. Muss man die Standardtherapie nun tatsächlich umstellen? Bei welchen Patienten? Wie? Welche Untersuchung ergibt sich als nächste Konsequenz der vorgestellten Ergebnisse?

Wie schon anfangs gesagt: Die Länge der Schlussfolgerung wird meist indirekt proportional zu ihrer Wirkung sein. Wer es schafft, Schlüssiges einprägsam in wenigen Sätzen auszudrücken, wird bei den Gutachtern eine bleibende Überzeugung und bei den zukünftigen Lesern einen dauerhaften Eindruck hinterlassen, und somit die Grundlage für ein häufiges Zitieren des Artikels geschaffen. Der verbale Abgang kann somit der krönende Abschluss eines Artikels sein, der beim Leser das zufriedene Gefühl hinterlässt, die Zeit für das Lesen des Artikels gut investiert zu haben. Diese Chance sollte man nicht verschenken.

2.9 *Polish to be published* – Das Editieren als Feinschliff

Nobody is perfect – und Manuskripte noch viel weniger. Es gibt sicher nur ganz wenige Autoren, die auf Anhieb einen Entwurf kreieren können, der weitgehend druckreif ist. Die meisten unter uns werden sich einem mühsamen Prozess des Editierens unterziehen müssen. Eine solche ***interne Begutachtung*** (vor der externen Begutachtung) zielt darauf ab, die Anzahl von Fehlern in einem Manuskript zu verringern und die Qualität insgesamt zu verbessern. Zwar ist es (hoffentlich) Tatsache, dass niemand bei dem speziellen Thema des Artikels der Kompetenz des Autors gleich kommt, aber oft sehen vier Augen nicht nur bei der Suche nach dem verloren gegangenen Hausschlüssel mehr als die eigenen. Unweigerlich entwickelt man eine gewisse ›Betriebsblindheit‹ gegenüber einem Text, an dem man nun schon seit Wochen oder Monaten feilt. Ein frisches Auge und ein unverbrauchter Geist werden viel Verbesserungsbedürftiges entdecken, das dem Autor selbst nicht auffiel. Kollegen können hervorragende Gutachter sein, da sie als Freunde, Bekannte oder Konkurrenten auf unterschiedlichen Ebenen der Kritik reagieren können, und noch dazu durch unterschiedliche fachliche Schwerpunkte verschiedene Perspektiven der Begutachtung vertreten. Ein Aspekt, der dem Hämato-Onkologen etwa völlig irrelevant erscheint, kann in den Augen eines Strahlentherapeuten entscheidend für die Aussage des Manuskriptes sein.

Mit der Fertigstellung des ersten Arbeitsentwurfs ist der Löwenanteil der Arbeit des Artikelschreibens bereits erledigt. Man stand viele Stunden im persönlichen Dialog mit einem Manuskript, die man vielleicht lieber mit seinem Partner, seinen Kindern, Freunden oder am Baggersee verbracht hätte. Wird man nun auf das Thema des Artikels angesprochen, überfällt einen unweigerlich ein gewisser Hauch an Melancholie bei dem Gedanken, dass das Manuskript immer noch nicht eingereicht ist. Würde man allerdings bereits den ersten Entwurf als Publikationsentwurf einsenden, wären dadurch Chancen für die Annahme des Manuskriptes unnötig verschenkt. Als Einsteiger ins Publikationsgeschäft wird man selten mit weniger als fünf Manuskriptentwürfen oder Revisionsrunden auskommen. Das mag entmutigend klingen – aber ist letztendlich Ausdruck eines lebendigen Prozesses der Verbesserung, der für jedes Manuskript von Vorteil ist.

Die ***Überarbeitung*** des ***ersten Entwurfes*** sollte man selbst vornehmen, nachdem man das Ursprungsmanuskript erst einmal für zwei Wochen zur Seite gelegt und sich bewusst nicht darum gekümmert hat. Zwar wird der Wiedereinstieg in die Bearbeitung des Manuskriptes schwer fallen, aber die gedankliche und thematische Distanz kann dabei hilfreich sein, Fehler zu entdecken, die man während der Erstellung des Manuskriptes übersehen hatte – man schlüpft jetzt ein wenig in die Rolle des objektiven Lesers. Ganz objektiv und unbelastet kann der Autor seinem eigenen Manuskript gegenüber allerdings nie sein.

Deshalb ist es im nächsten Schritt wichtig, den ***Kreis*** der ***Korrekturleser*** zumindest auf die wichtigsten Koautoren zu erweitern. Durch die Anzahl der Koautoren, denen man das noch ›junge‹ Manuskript vorlegt, kann man den Umfang der Revision etwas steuern. Je größer die Anzahl der Korrekturleser während dieses Schrittes des Editierens, desto mehr Vorschläge und Anregung zur Veränderung wird man erhalten, natürlich verknüpft mit einem umso größeren Aufwand für die anschließende Überarbeitung. Die nächsten Runden der Revision werden dann sämtliche Koautoren einschließen, die ja schließlich alle mit der endgültigen Version des Manuskriptes einverstanden sein müssen.

Nicht unterschätzen sollte man den Stellenwert der ***Überarbeitung englischsprachiger Manuskripte*** durch einen ***›native speaker‹***, also einer Person, die mit der englischen Sprache aufgewachsen ist. Der Korrekturleser muss dabei nicht unbedingt aus dem medizinischen Fach sein. Auch wenn der Inhalt eines Artikels bei der Begutachtung im Vordergrund stehen sollte, wird seine Aussage immer durch das Medium der Sprache kommuniziert werden. Je schlechter dieses Kommunikationsinstrument ausfällt, desto mehr wird auch die inhaltliche Qualität eines Artikels leiden. Man denke nur an den täglichen Umgang mit den gesprochenen Worten: Wird ein Argument mühsam, holprig und schwerverständlich formuliert, so wird automatisch die Überzeugungskraft geringer sein, als nach einem eloquenten Plädoyer. Selbst bei guten Sprachkenntnissen entgehen einem ›Nicht-Muttersprachler‹ unweigerlich Verstöße gegen die Feinheiten der Sprache, so dass selbst jene, die auf Kongressen oder im Urlaub keine Sprachschwierigkeiten haben, auf die Hilfe eines native speaker zurückgreifen sollten. Manuskripte für eine US-amerikanische Fachzeitschrift sollten dabei von einem amerikanischen native speaker überarbeitet werden, Artikel für britische Journals von einem Briten.

Im ›American Medical Association Manual of Style‹ (Iverson C et al., 9th edition, Chicago, IL, USA, Williams&Willkins 1998) werden noch eine ganze Reihe ***allgemeingültiger Hinweise*** gegeben, an die sich die

Autorenhinweise der meisten Fachzeitschriften anlehnen. Selbstverständlich haben Umgangssprache, geschmacklose Ausdrucksweise und respektlose Sprachführung in einer wissenschaftlichen Arbeit nichts zu suchen. Nicht nur aus Höflichkeit gegenüber den Gutachtern, sondern auch in eigenem Interesse sollte man ***orthographische Fehler vermeiden*** – was durch die Verwendung der Rechtschreibekorrekturfunktion der üblichen Textverarbeitungsprogramme vereinfacht wird. Wer würde schließlich einen schmutzigen PKW kaufen, obwohl der Sauberkeitszustand wenig am Wert des Fahrzeugs ändert.

Zuletzt sei noch vor ***Plagiaten*** gewarnt. Auch dieser Hinweis mag trivial klingen, aber die Versuchung ist groß, am späten Abend nach einem Kreißsaaldienst oder bei 30°C im Schatten Textpassagen aus anderen Artikeln zu übernehmen. Plagiate widersprechen aber nicht nur dem wissenschaftlichen Berufsethos, sondern sind dank spezialisierter Computerprogramme heute leicht aufzudecken. Viele Herausgeber fordern inzwischen bereits bei Einreichung den Artikel in elektronischer Version, um ihn dann einer solchen Prüfung zu unterziehen. Wird dabei ein Plagiat festgestellt, wird der Artikel selbstverständlich ohne weitere Begutachtung abgelehnt. Denn wer bei der Textgestaltung schummelt, dessen wissenschaftliche Glaubwürdigkeit steht für den Herausgeber grundsätzlich in Frage. Und nichts ist Fachzeitschriften peinlicher, als eine wissenschaftliche Arbeit veröffentlicht zu haben, die sich später als großer Betrug herausstellt. Die Chancen des Autors, bei der nächsten Veröffentlichung bei dieser Fachzeitschrift wieder freundlich aufgenommen zu werden, steigen dadurch natürlich nicht.

Dieser Hinweis gilt übrigens grundsätzlich auch für eigene Artikel, die ja, wie bereits erwähnt, mit Annahme zur Veröffentlichung in die Rechte des Herausgebers übergehen, also gar nicht mehr das eigene geistige Eigentum sind. Auch wenn die Toleranz bei eigenen Artikeln etwas größer sein dürfte, sollte man es vermeiden, ganze Passagen aus früheren Artikeln zu übernehmen, und stattdessen auch sehr ähnliche oder identische Sachverhalte (wie etwa eine bestimmte Methodik) neu zu formulieren. Nicht selten kann man dabei noch unnötige Textpassagen streichen, indem man auf den früheren Artikel verweist und ihn zitiert.

Noch ein technischer Hinweis: Änderungen einer einzelnen Person sollte man am besten im ***Korrekturmodus*** des ***Textverarbeitungsprogrammes*** durchführen lassen. Dieser Modus ermöglicht das schnelle Sichten von Veränderungen durch Hervorhebung und deren selektive Annahme oder Ablehnung. Arbeiten mehrere Koautoren gleichzeitig am Manuskript, wird es viel schwieriger, da man mehrere verschiedene Versionen desselben Manuskriptes erhalten wird. Zwar gibt es innerhalb der meisten Textverarbeitungsprogramme Funktionen, die den Vergleich zweier weitgehend identischer Texte zulassen. Meist wird dies aber mühsamer sein, als die Veränderungen verschiedener Revisionen auf Papier zu sichten, um dann Absatz für Absatz die Synthese aus den verschiedenen Vorschlägen zu bilden.

Die häufigsten Fallstricke bei der Erstellung von Manuskripten, die man beim Editieren vor Einreichung des Manuskriptes beseitigen sollte, umfassen folgende Fehler (nach David Haller, Chief-Editor des Journal of Clinical Oncology):

- ***Das bloße Wiederkäuen von Daten,*** anstatt sie zu interpretieren. Redundanz und das Bestreben, Papier zu füllen, sind eine der ärgerlichsten und vermeidbarsten Verfehlungen bei der Erstellung von Manuskripten.
- ***Der Missbrauch von Tabellen.*** Die Existenzberechtigung von Tabellen liegt nicht darin, als bloße Lückenfüller oder als Friedhof unsinniger oder überfülliger Daten zu fungieren.
- ***Überlange Einleitungen.*** Die Einleitung zu einem Artikel ist der Appetizer, der den Rahmen für den Artikel zeichnet. Einen eigenen, kleinen Übersichtsartikel über den aktuellen Stand der Literatur in der Einleitung zu verstecken, geht fast immer schief.
- ***Diskussionen ohne Schlussfolgerungen.*** Die Frage ›So what, who cares?‹ sollte dem Leser nie von selbst einfallen, sondern unmerklich durch die Schlussfolgerung der Diskussion beantwortet werden.
- ***Keine Ahnung,*** was der Artikel eigentlich soll. Vor allem aus der Diskussion muss klar hervorgehen, welche Frage der Artikel beantwortet oder welche Hypothese der Artikel generiert hat.

Die ***Revision*** des eigenen Manuskriptes vor der Einreichung mag ein schmerzhafter Prozess sein, den man eigentlich gerne umgehen möchte. Der Revisionsprozess macht aber wirklich jenen Unterschied aus, der zwischen einem schlecht geputzten Paar guter Schuhe und deren frisch poliertem Zustand besteht – eigentlich kein substanzieller Unterschied, aber dennoch eine kleine Welt. Die Zeit, die man in die Revision steckt, ist somit gut investiert. Sie ist die Zielgerade bei der Einreichung eines Artikels. Schwächelt man gerade hier, wird man unnötig die bisher geleistete Arbeit in Gefahr bringen. Andererseits wird ein knackiger Endspurt mit sorgfältiger Einarbeitung der Änderungsvorschläge der Koautoren die Siegeschancen für ein Manuskript signifikant verbessern.

2.10 *Mehr als nur Farbkleckse* – Erstellen und Formatieren von Tabellen und Grafiken

Kennen Sie das auch? Sie kommen in einen Raum, in dem in einer Ecke ein laufendes Fernsehgerät steht, und alle blicken ganz gebannt darauf. Nur schwer können Sie jetzt die Aufmerksamkeit der Anwesenden auf sich ziehen, denn immer wieder siegt der viereckige Kasten, selbst wenn das Programm nur aus einfallsloser Seifenwerbung besteht. Ganz so schlimm ist es mit Tabellen und Abbildungen in wissenschaftlichen Artikeln nicht. Sie können sich jedoch sicher sein, dass die Tabellen und Abbildungen in Ihrem Artikel mehr Aufmerksamkeit gewinnen als so mancher Absatz des Methodikteils. Selbst Akademiker und Wissenschaftler sind nun einmal visuelle Wesen. Grund genug also, sich kurz einige Gedanken zur Gestaltung der graphische Teile eines Manuskriptes zu machen.

Tabellen sind grundsätzlich eine beliebte, weil effiziente und einfache Möglichkeit, Ergebnisse einer wissenschaftlichen Untersuchungen zusammenzufassen. Dabei können sie wesentliche Teile des Resultatsabschnittes ersetzen. Im Textkörper selbst verweist man lediglich auf die betreffende Tabelle, ohne den Inhalt der Tabelle zu wiederholen, denn dies würde nur einigen Bäumen das Leben und dem Leser unnötig Zeit kosten. Im Text des Ergebnisteiles eines Artikels sollte man den Inhalt einer Tabelle zusammenfassen, einzelne Elemente hervorheben und vorsichtig interpretieren. Letzteres ist manchmal eine schwierige Gratwanderung zwischen reiner Ergebnisschilderung und einer bereits über die Ziele des Resultatsabschnittes hinausgehenden Wertung von Ergebnissen. Die Diskussion von Ergebnissen gehört sicher nicht an diese Stelle, aber durchaus eine das Verständnis der Ergebnisse fördernde Interpretation (obgleich Puristen selbst dies im Ergebnisteil nicht gerne sehen). Für die Diskussion von Ergebnissen gibt es den einschlägigen Abschnitt eines Manuskriptes.

Folgende allgemeine Hinweise sollte man beim ***Erstellen von Tabellen*** beachten:

- Die ***Nummerierung*** der Tabellen folgt der Reihenfolge der Erwähnung im Textteil
- Die ***Überschrift*** zur Tabelle sollte möglichst kurz, aber ausreichend deskriptiv sein
- Die ***Bezugsgröße*** für die Zahlen- und Prozentangaben in der Tabelle muss klar erkennbar sein (am einfachsten durch ›n=…‹ in der Überschrift)
- Die ***prozentualen Angaben*** und ***Quersummen*** müssen korrekt sein und sollten noch einmal nachgerechnet werden
- Jede Tabelle muss im Textkörper ***erwähnt*** sein
- ***Formatierung:*** Zeilen mit doppelten Zeilenabstand, keine vertikalen Linien, mindestens Schriftgröße 11, jede Tabelle auf einer eigenen Seite
- ***Fußnotenverweise*** mit Symbolen in folgender Reihenfolge: *, †, ‡, §, |, **, ††, ‡‡ usw.
- Der ***Inhalt*** der ***Fußnoten*** sollte umfassen: Erklärung von Abkürzungen, Signifikanzangaben, Erklärungen von Diskrepanzen oder fehlender Fälle
- Die ***Anzahl*** von Tabellen und Abbildungen ist bei nicht wenigen Fachzeitschriften ***limitiert***

Volker Lange/CCC, www.c5.net

Abbildungen sind elementar für eine experimentelle Arbeit, in der etwa das Ergebnis einer Gelelektrophorese oder einer Zellfärbung demonstriert werden soll. Mit der graphischen Darstellung von reinen Zahlenergebnissen, z. B. durch Säulen- oder Kreisdiagramme, sollte man sparsam umgehen, schließlich möchte man keinen Zeitungsartikel, sondern einen wissenschaftlichen Artikel schreiben. Dennoch kann eine Graphik der Synopsis manchen Sachverhalt mitunter besser darstellen als vieler Worte Mühen. Man sollte darauf achten, dass der Text auch noch nach der Verkleinerung einer Abbildung auf eine zeitschriftentaugliche Größe gut lesbar ist. Die ***Legende*** von ***Abbildungen*** wird in der Regel ***ausführlicher*** sein als die von Tabellen, um den Inhalt einer Abbildung ausreichend verständlich zu erklären. Früher war es üblich, die Legenden von Abbildungen auf eigenen Seiten getrennt von den Abbildungen selbst zu drucken, was durch moderne, vor allem elektronische Reproduktionsmethoden weitgehend überflüssig geworden ist. Nur noch selten wird man separate Hochglanzreproduktionen von Fotos benötigen, sondern statt dessen den farbigen Laser- oder Tintenstrahlausdruck im Manuskript gelten lassen und die ***Abbildung*** selbst als ***eigene Datei elektronisch*** dem Manuskript beifügen. Auf den farbigen Abdruck von Abbildungen in der Zeitschrift wird man häufig verzichten wollen, da die Zeitschriftenverlage für den farbigen Druck empfindliche Kostenbeteiligungen vorsehen. Darauf sollte man schon bei der Gestaltung Rücksicht nehmen.

Tabellen und Abbildungen können nicht nur einen Artikel optisch auflockern, sondern auch zu seinem Verständnis und seiner Prägnanz beitragen. Dabei sollte man der Verlockung eines Feuerwerks von Effekten und Farben widerstehen, will man nicht das Misstrauen strenger Gutachter schüren. Durch korrekte, umfassende und leicht verständliche Tabellen sowie durch wenige, aber effektvolle Abbildungen lässt sich aber der Wert eines Manuskriptes durchaus steigern. Nicht vergessen sollte man dabei die ›***Ein-Guss-Strategie***‹: Nicht nur aus Gründen der Zeiteffizienz sollten Tabellen und Abbildungen synchron mit der Durchführung der statistischen Auswertung und dem Verfassen des Ergebnisteiles entstehen. Nur so ist am ehesten gewährleistet, dass der Text des Ergebnisteiles und die Tabellen und Abbildungen zusammen ein kohärentes Gesamtbild ergeben, das nicht nur für den Verfasser, sondern auch für den Gutachter und die Leser überzeugend wirkt.

2.11 *Check it out –* Die Checkliste vor dem Abschicken

Es gibt sie, jene Menschen, die, vermutlich schon genetisch determiniert, einfach an alles denken und nie am Urlaubsziel feststellen, dass die Badehose, die Luftmatratze oder das Urlaubsbuch zu Hause geblieben sind. Die Autoren dieses Buches gehören nicht zu diesen Menschen. Oft sind es im Leben die kleinen oder großen Erinnerungen, die uns vor Schlimmerem bewahren. Wer bis zu diesem Kapitel des

Buches mit seinem Manuskript vorgedrungen ist, kann zurecht stolz auf sich sein, denn er ist viel weiter gekommen als die Mehrheit der Kollegen, die sich zwar lange vornehmen, publizistische Fußabdrücke zu hinterlassen, aber über das Vorhaben nie hinauskommen. Das Werk ist in der Tat vollbracht – die Zeit arbeitet nun für die Autoren, denn jetzt sind erst einmal die anderen dran, nämlich die Gutachter der Fachzeitschrift. Dieses Kapitel soll dabei helfen, dass in der begründeten Erleichterung über die Fertigstellung des Manuskriptes nicht etwas Wichtiges vergessen wird, was den Begutachtungsprozess und die Chancen für die Annahme des Manuskriptes unnötig behindern würde.

Ein Schriftstück, das einen nicht zu unterschätzenden Einfluss auf den weiteren Werdegang eines Manuskriptes nehmen kann, ist das ***Anschreiben*** an den Editor der Fachzeitschrift. Dieses Anschreiben sollte nicht nur notwendige Angaben wie den Titel des Manuskriptes, wenn nötig das Fachgebiet, die Art der Publikation (Originalpublikation, Übersichtsartikel, Fallbericht, etc.) und natürlich den Namen der Fachzeitschrift beinhalten, sondern kann gleichzeitig auch als ein wertvolles ***Marketingtool*** für den Artikel dienen.

Chef-Editoren von großen Fachzeitschriften bekommen jährlich tausende von Artikeln zugeschickt. Der Editor muss nun in möglichst kurzer Zeit zwei Entscheidungen treffen: Wird das Manuskript überhaupt einem Begutachtungsverfahren unterzogen? Und, wenn ja, welche Gutachter sind dafür geeignet? Editoren als meist wichtige und viel beschäftigte Menschen werden nicht immer die Zeit haben, als Grundlage für diese Entscheidungen das ganze Manuskript zu lesen. Sie werden sich also bestimmte Teile des Manuskriptes besonders vornehmen und dabei überlegen, warum gerade dieser Artikel ihrer Fachzeitschrift gut stehen würde. Das Anschreiben ist der beste Ort, des Editors Nase genau auf den Punkt zu führen, warum es gerade dieser Artikel sein muss. Der Editor wird allerdings auch nicht die Zeit haben, sich ein vierseitiges Anschreiben durchzulesen, so dass man es irgendwie schaffen muss, seine ›Verkaufsargumente‹ in knapper Form an den Mann oder die Frau zu bringen.

»Verkaufsargumente für Artikel«

- Artikel zum gleichen Thema, entweder aus der eigenen oder einer höherwertigen Fachzeitschrift, zu denen der eigene Artikel im Widerspruch steht oder die der eigene Artikel sinnvoll ergänzt
- Hinweis auf die aktuelle Diskussion zum Thema des eigenen Artikels. Jede Fachzeitschrift hasst es, wenn Themen, die gerade ›hip‹ sind, woanders als in der eigenen Zeitschrift diskutiert werden
- Hinweis auf die Leserschaft der Fachzeitschrift, für die das Manuskript aus irgendeinem Grund besonders wertvoll sein könnte

Man kann übrigens ***Gutachter*** für den eigenen Artikel ***durchaus vorschlagen*** (sofern sie nicht aus der eigenen Arbeitsgruppe stammen) oder bestimmte Gutachter ausschließen, die im Verdacht stünden, aus persönlichen Interessen das Manuskript nicht objektiv zu beurteilen. Sollte das Manuskript Ähnlichkeiten oder Überschneidungen zu früheren Publikationen des Autors aufweisen, so ist es meist besser, bereits im Anschreiben darauf hinzuweisen und einen Sonderdruck der anderen Veröffentlichung beizulegen. Diese Transparenz nimmt den Gutachtern bereits gehörig Wind aus den Segeln und vermeidet die Situation, dass sie mahnend mit dem Zeigefinger auf ein mögliches Plagiat hinweisen.

Wurde die Forschungsarbeit eben erst zur Präsentation auf einem wichtigen Kongress eingereicht, so kann mit einem Hinweis darauf eine potenzielle Publikation vor dem Kongresstermin verhindert werden. Überhaupt nicht verboten ist es auch, die Editoren der Fachzeitschrift vor Einreichung des Manuskriptes zu kontaktieren. Ein persönlicher Telefonanruf beim Chef-Editor kann grundsätzliche Angelegenheiten klären wie etwa die Frage, ob ein bestimmtes Thema generell in den Interessensbereich des Journals passt. Ein solches Telefonat erspart mitunter unnötige Wochen der Verzögerung, wenn schon vorab geklärt wird, dass das Manuskript keine Chance auf Annahme hat. Bevor das Manuskript nun endlich in dem großen Umschlag verschwindet, sollte man anhand der folgenden Checkliste überprüfen, ob man auch wirklich an alles Notwendige gedacht hat:

- ❐ ***Anschreiben*** für die Einreichung des Manuskriptes mit allen notwendigen Angaben?
- ❐ ***Autorenrichtlinien*** der betreffenden Fachzeitschrift gelesen und beachtet?
- ❐ ***Maximalzahl*** von Zeichen/Wörtern für Abstrakt und Textkörper sowie Maximalzahl von Tabellen/Abbildungen und Koautoren innerhalb der zulässigen Grenzen der betreffenden Fachzeitschrift?
- ❐ Manuskript auf ***Rechtschreibfehler*** und ***Grammatikfehler*** durchgesehen?
- ❐ ***Komplettes Manuskript*** in x-facher Ausfertigung wie in den Autorenrichtlinien vorgeschrieben?
- ❐ ***Literaturverzeichnis*** entsprechend der Autorenrichtlinien formatiert und auf Korrektheit durchgesehen?
- ❐ ***Abbildungen*** in Farbe separat ausgedruckt und entsprechend beschriftet?
- ❐ ***Copyright-Erklärung*** ausgefüllt und unterschrieben (wenn gefordert, von allen Koautoren)?
- ❐ ***Erklärung*** über finanzielle, persönliche oder institutionelle Interessenskonflikte ausgefüllt und unterschrieben (wenn gefordert, von allen Koautoren)?
- ❐ ***Elektronische Version*** des Manuskripts und/oder der Tabellen und Abbildungen beigelegt und im richtigen Format? Ggf. online eingereicht, falls gefordert?

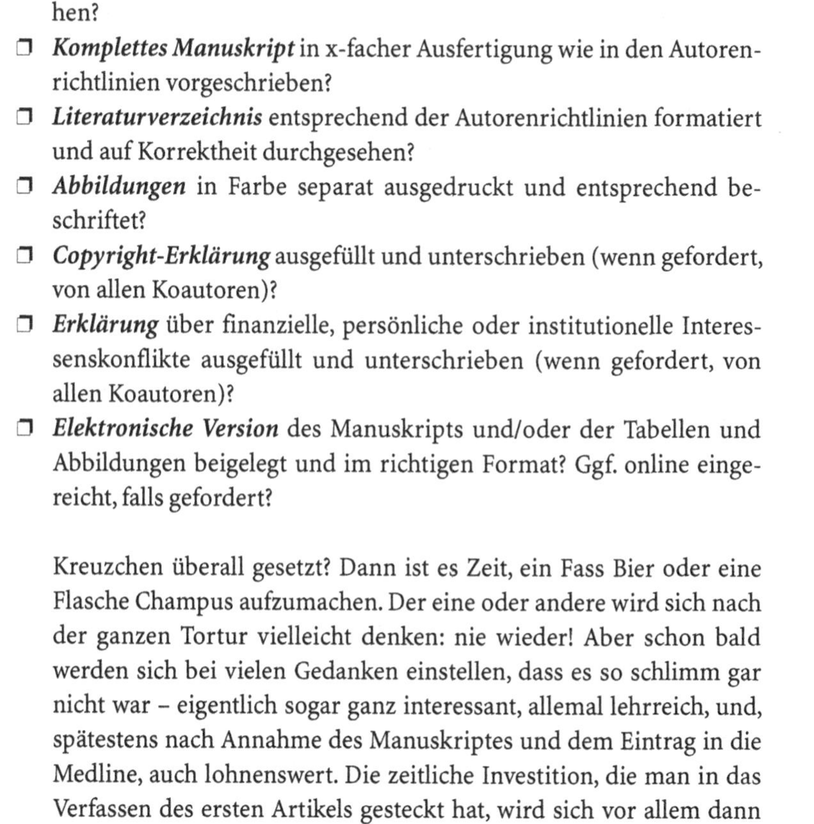

Kreuzchen überall gesetzt? Dann ist es Zeit, ein Fass Bier oder eine Flasche Champus aufzumachen. Der eine oder andere wird sich nach der ganzen Tortur vielleicht denken: nie wieder! Aber schon bald werden sich bei vielen Gedanken einstellen, dass es so schlimm gar nicht war – eigentlich sogar ganz interessant, allemal lehrreich, und, spätestens nach Annahme des Manuskriptes und dem Eintrag in die Medline, auch lohnenswert. Die zeitliche Investition, die man in das Verfassen des ersten Artikels gesteckt hat, wird sich vor allem dann so richtig amortisieren, wenn man die erlernte Routine bei Nachfolgeartikeln anwenden kann: Erfahrungsgemäß halbiert sich die Zeit, die man für einen Artikel benötigt, mit jedem weiteren. Wäre doch gelacht, wenn man das nicht ausnützen sollte, oder?

2.12 *Sein oder Nicht-Sein* – Der Begutachtungsprozess

Nach dem Einreichen des Manuskriptes beginnt erst einmal die Zeit des Wartens – ausgefüllt entweder mit verdientem publizistischen Nichtstuns oder, für die fleißigeren Zeitgenossen unter uns, bereits mit der Arbeit am nächsten Manuskript. Auf jeden Fall ist für die Dauer des Begutachtungsprozesses eines Manuskriptes erst einmal Geduld angesagt. Ein großer Briefumschlag, der nur wenige Wochen nach Einreichen des Manuskriptes wieder im Postfach des Autors liegt, verheißt in der Regel nichts Gutes. Meist ist der Chef-Editor zu dem Schluss gekommen, dass das Manuskript keine Chance auf Publikation in seiner heiligen Fachzeitschrift hat und es deshalb erst gar keinem Begutachtungsprozess unterzogen wird – schlechte Nachrichten also.

Man sollte die Kritikpunkte des Editors ernst, aber nicht zu ernst nehmen, und das Manuskript baldmöglichst bei der nächsten Fachzeitschrift einreichen. Und sich vor allem nicht entmutigen lassen! Hört man die ersten vier Wochen nichts vom Editor, so wird das Manuskript in der Regel an die Gutachter weitergereicht worden sein. Sicherheitshalber sollte man allerdings im Büro des Editors nachfragen, ob das Manuskript tatsächlich angekommen ist, falls man kein Bestätigungsschreiben erhalten hat.

Auf die ***Gutachten***, und damit auf das erste, oft entscheidende Urteil muss man in der Regel ***etwa drei Monate*** warten. Rückfragen vor dieser Frist gelten als unhöflich, da unnötig. Danach darf man aber ruhig einmal anfragen, wo denn die Kommentare der Gutachter bleiben. In diesen Kommentaren geben die Gutachter ihre Einschätzung wieder, ob das Manuskript zur Veröffentlichung akzeptiert werden sollte, und begründen diese Bewertung mehr oder weniger ausführlich. Kriterien, die für die Überlegungen eine entscheidende Rolle einnehmen, umfassen folgende Aspekte:

- *Relevanz* der Fragestellung in Bezug auf die Leserschaft und den Auftrag der Fachzeitschrift (›Scope of the journal‹). Letztendlich steckt in dieser Überlegung vor allem die Frage, die in Kapitel 2.8 gestellt wurde: ›So what, who cares?‹. Die Gutachter werden immer dann motiviert sein, ein Manuskript zu akzeptieren, wenn sie der Meinung sind, dass es die wissenschaftliche Landschaft eines medizinischen Teilgebietes maßgeblich prägen wird und sich viele Leser an diesem Artikel interessiert zeigen werden. Ein Artikel beispielsweise, der endlich die Frage des besten Betablockers zur Therapie des Bluthochdrucks klärt, kann den Therapiestandard verändern und würde dann unzählige Male gelesen und zitiert werden.
- *Bedeutung* des Artikels für die Fragestellung und für die Mehrheit der Leserschaft. Die Bedeutung eines Artikels für die Leserschaft wird hauptsächlich durch die Ergebnisse selbst bestimmt. So könnte ein Artikel zu einer durchaus relevanten Fragestellung (›Welches ist der beste Betablocker?‹) trotzdem unwichtig bleiben, wenn die Ergebnisse die wissenschaftliche Fragestellung nicht beantworten (z. B. lediglich Fallberichte über den Einsatz eines neuen Betablockers). Selbstverständlich haben statistisch signifikante Ergebnisse von Studien mit hohen Fallzahlen bessere Chancen, als wichtig eingestuft zu werden, als deskriptive Daten kleinerer Kollektive.
- *Neuheit* der Ergebnisse. Die 186. Reproduktion von Ergebnissen einer bereits beantworteten Fragestellung wird weder eine Katze noch einen Gutachter hinter dem Ofen hervorlocken. Erstbeschreibungen haben grundsätzlich bessere Chancen auf Veröffentlichung als die folgenden Bestätigungsstudien. Aber auch die Reproduktion von Erstbeschreibungen kann sehr lohnenswert sein, wenn die Datenlage als noch unzureichend angesehen wird oder wenn die Ergebnisse einen zusätzlichen Teilaspekt beleuchten, der nicht Gegenstand der bisherigen Untersuchungen war.
- *Validität* der Ergebnisse. Die Ergebnisse einer Untersuchung haben nur dann eine Chance, wissenschaftliche Fußabdrücke zu hinterlassen,

wenn sie glaubhaft und verlässlich sind. Die Validität der Ergebnisse zu begründen, ist Aufgabe des Methodikteils eines Manuskriptes. Je geringer die Validität der Ergebnisse ist, desto zurückhaltender sollten die Schlussfolgerungen ausfallen. Selbstverständlich zählt Wissenschaftsbetrug zu den absoluten Albträumen von Editoren.

- ***Ausgewogenheit*** des Spektrums der Themen innerhalb einer Fachzeitschrift. Jede Fachzeitschrift pflegt ein für sie mehr oder weniger charakteristisches Spektrum von Themengebieten, das sie in der Regel beibehalten möchte. Liegt für die geplanten Ausgaben der Fachzeitschrift bereits eine ganze Reihe von hochwertigen Manuskripten zum gleichen Thema vor, kann dies eine Ablehnung des eigenen Manuskripts trotz guter Qualität nach sich ziehen. Warten die Editoren andererseits schon lange auf einen Beitrag zu einem Thema, das bislang nur in den Konkurrenzzeitschriften eine Rolle spielte, wird das die Chancen für die Annahme erhöhen.

Woran erkennt man nun, ob ein Manuskript zur Veröffentlichung akzeptiert wurde? Die Frage ist gar nicht so trivial, wie sie auf den ersten Blick wirken mag. Analog zu einem Beurteilungsschreiben für eine Beschäftigung muss man die ***Spielregeln*** für die ***Interpretation*** der ***Gutachten*** für Manuskripte kennen, um sie korrekt werten zu können.

Die vier Feedbacks vom Editor

1. Die bedingungslose Annahme eines Manuskriptes
2. Das Erfordernis einer geringfügigen Revision des Manuskriptes (›minor revision‹)
3. Das Erfordernis einer grundlegenden Revision des Manuskriptes (›major revision‹)
4. Die klare Ablehnung des Manuskriptes

Die ***anstandslose Annahme*** eines Manuskriptes dürfte die absolute Ausnahme sein und kommt zumindest bei guten Fachzeitschriften eigentlich nie vor. Kaum ein Manuskript wird schon bei Einreichung so gut sein, als dass es in den Augen anderer Experten nicht noch zu verbessern wäre. Ein Brief, in dem die Akzeptanz des Artikels in Aussicht gestellt wird, wenn bestimmte Verbesserungen am Manuskript vorgenommen werden und es damit einer ***geringfügigen Revision*** (›minor revision‹) unterzogen wird, sollte den Autor veranlassen, schon einmal den Sekt kalt zu stellen. Zwar ist das Manuskript noch nicht endgültig zur Veröffentlichung angenommen, aber es müsste schon mit dem Teufel zugehen, wenn eine sorgfältige Revision des Artikels nicht zur finalen Annahme führen würde. Lediglich eine schlampige oder gar keine Überarbeitung des Manuskriptes könnten die Veröffentlichung noch zu Fall bringen. Ein Schreiben, welches eine ***grundlegende Revision*** (›major revision‹) als Bedingung der Annahme stellt, signalisiert, dass einige größere Probleme existieren. Meist bieten die Editoren vage an, nach ausführlicher Überarbeitung die Annahme des Manuskriptes zu erwägen, woran man schon erkennen kann, dass das Spiel noch nicht gewonnen ist. Durch eine sorgfältige Überarbeitung und vor allem durch die überzeugende Zusammenfassung der Revision in Form einer Punkt-für-Punkt-Analyse (›Point-to-point analysis‹) muss man nun die Editoren und ggf. auch die Gutachter überzeugen, dass ihre Bedenken aufgegriffen und die Qualität des Manuskriptes erheblich verbessert wurde. Bei den meisten Fachzeitschriften darf man dann bei 75% Wahrscheinlichkeit mit der Annahme des Manuskriptes zur Publikation rechnen. Die ***klare Ablehnung*** des Manuskriptes hingegen ist meist als eindeutige Absage der Editoren zu werten. Sie wird entweder vom Chef-Editor selbst ohne Prüfung des Manuskriptes durch Gutachter ausgesprochen, wenn er davon ausgeht, dass die Gutachten an dieser Entscheidung nichts ändern würden. Oder der Editor kommt aufgrund der dann meist nicht allzu schmeichelhaften Gutachten zur Schlussfolgerung, dass das Manuskript der Veröffentlichung in der betreffenden Fachzeitschrift auch nach möglicher Revision nicht würdig ist. Nur in Ausnahmefällen wird es sinnvoll sein zu versuchen, diese Entscheidung anzufechten, etwa wenn offensichtlich ist, dass ein entscheidender Aspekt im Manuskript einfach falsch verstanden wurde oder eine neue Auswertung aktuellerer Daten die Ergebnisse wesentlich überzeugender werden lässt. In der Mehrzahl der Fälle sollte man sich die Zeitverzögerung einer erneuten Korrespondenz mit der ablehnenden Fachzeitschrift sparen und – ggf. nach Revision des Manuskriptes anhand der Gutachterempfehlungen – das Manuskript bei einer anderen Fachzeitschrift einreichen. Das neue Journal sollte dann natürlich nicht wissen, dass es eigentlich nur zweite Wahl bei der Einreichung des Manuskriptes ist.

Die ***›Punkt-für-Punkt-Analyse‹*** bildet somit den wichtigsten Baustein für die Revision eines Manuskriptes. Sie beginnt mit Angabe der relevanten Daten (Titel des Manuskriptes, Autor, Manuskriptreferenznummer) und umfasst dann ***schrittweise alle Kommentare*** der verschiedenen ***Gutachter***. Am besten nummeriert man die einzelnen Punkte, so dass man sich auf vorherige oder folgende Analysepunkte beziehen kann, wenn sich die Kommentare der Gutachter thematisch überlappen. In der Überschrift eines Diskussionspunktes fasst man am besten die Kernaussage oder -frage des Gutachters zusammen, so dass die Zuordnung der Analyseschritte zu den jeweiligen Anteilen der Gutachten möglich ist. Die Gliederung einer Punkt-für-Punkt-Analyse könnte etwa so aussehen:

Elements of Revision by Mueller A., Maier S., Schmidt R., et al.
Manuscript: ***'Patterns of Relapse Influenced by Hematogenous Tumor Cell Dissemination in Patients with Cervical Carcinoma of the Uterus‹***
C-1075-02

1. *›Approval by Institutional Review Board' Reviewer 1*
   The practice of bone marrow aspirations at the Ludwig-Maximilians-University Munich was started about 25 years ago, and has a long tradition …

▼

2. *›Statistical power of this study‹ Reviewer 1*
   The authors agree with the reviewer that a longer observation, leading to a greater number of relapses, would be desirable …
3. *›Limiting study population to patients with longer follow-up period‹ Reviewer 1*
   The authors disagree with the reviewers assumption that restricting the study population to subjects with an observation time of one or two years …

Wichtig ist, dass wirklich jeder der Gutachter-Kommentare in der Punkt-für-Punkt-Analyse aufgegriffen wird – erscheint er noch so lästig, unsinnig oder gar unbegründet. Das Ignorieren eines Gutachter-Kommentars wird automatisch das Misstrauen des Editor gegenüber der Sorgfalt und Integrität der Revision wecken und ein Argument für ihn sein, das revidierte Manuskript einer nochmaligen Begutachtung unterziehen zu lassen. Nicht selten sieht der evtl. fachfremde Editor in der Vollständigkeit der Revision eines der wenigen Kriterien zur Entscheidung, ob die Revision einer ausführlichen Begutachtung unterzogen werden soll (was man nach Möglichkeit ja vermeiden möchte).

Im ***Analysetext*** besitzt man die Möglichkeit, seine Argumente vorzubringen und den Editor davon zu überzeugen, dass entweder die ursprüngliche Version des Manuskripts sinnvoll war, oder dass man die Kritik des Gutachters zum Anlass genommen hat, die Qualität des Manuskriptes so deutlich zu verbessern, dass einer Annahme des Manuskriptes eigentlich nichts entgegen steht. Folgende fünf Aspekte sollte man beim Anfertigen der Punkt-für-Punkt-Analyse berücksichtigen:

- ***Kritik nicht persönlich nehmen!*** Autoren sind von Grund auf narzisstische Persönlichkeiten, die jede Kritik an ihrem Werk als persönlichen Angriff und als Kriegserklärung werten. Versuchen Sie, diese Befindlichkeiten zurückzustellen und die Kommentare der Gutachter möglichst objektiv zu bewerten. Gutachter wollen mehrheitlich mit ihren Kommentaren wirklich die Qualität des Artikels verbessern und investieren letztendlich ihre Freizeit dafür, unbezahlte Gutachten zu Ihrem Artikel zu schreiben.

- ***Höflich bleiben!*** Gutachter sind auch nur Menschen und schätzen einen höflichen und wertschätzenden Umgang mit ihrer Arbeit. Die beste Einleitung für einen Analysepunkt ist, sich für den wertvollen Hinweis des Gutachters zu bedanken und ihm nach Möglichkeit wenigstens in einem Teil seiner Argumentation zuzustimmen. Selbst Kommentare, die aus Sicht des Autors völlig unbegründet oder gar unsinnig sind, sollten nicht Anlass sein, die Grenzen der Höflichkeit im akademischen Umgang zu überschreiten.
- ***Nicht belehren!*** Die Gutachter sind die Experten in dem jeweiligen Gebiet (oder glauben zumindest, solche zu sein) und mögen nicht gerne von einem Autor belehrt werden. Wenn die eigene Meinung mit der des Gutachters divergiert, sollte man sie argumentativ untermauert vorbringen, ohne den Gutachter ›dumm‹ aussehen zu lassen.
- ***Überzeugende Argumente vorbringen!*** Die Punkt-für-Punkt-Analyse ist der richtige Ort, die Gutachter und den Editor abschließend für sein Manuskript zu gewinnen. Aktuellere Literaturstellen, zusätzliche Auswertungen, mehr Fälle, weitere Untersuchungen etc. können die ›eigene Sache‹ unterstützen und den Editor überzeugen. Wie im Artikel selbst muss die Argumentation schlüssig und nachvollziehbar sein.
- ***Änderungen im Manuskript nachvollziehbar machen!*** Eine gute Punkt-für-Punkt-Analyse macht das erneute Lesen des revidierten Manuskripts überflüssig und spart dem Editor so wertvolle Zeit. Am Ende jedes Analysepunktes sollte man genau beschreiben, wo man Veränderungen im Manuskript vorgenommen hat, und die betreffende Textpassage in der Punkt-für-Punkt-Analyse noch einmal kursiv wiederholen. Manche Fachzeitschriften verlangen zusätzlich, die geänderten Passagen zu markieren, was man am besten elektronisch durch Grauhinterlegung tun sollte.

Begleitet wird die Punkt-für-Punkt-Analyse durch ein Anschreiben, in dem man die ***Kernelemente*** der ***Revision*** kurz in wenigen Sätzen

zusammenfasst und betont, wie grundlegend das Manuskript überarbeitet und wie drastisch die Qualität des Manuskriptes verbessert wurde. Ein Hinweis auf die Punkt-für-Punkt-Analyse erspart die detaillierte Schilderung der Revision. Zusammen mit der Printversion, der elektronischen Version des revidierten Manuskriptes, der Punkt-für-Punkt-Analyse und ggf. weiteren von den Gutachtern verlangten Unterlagen sollte die Revision des Manuskriptes nicht mehr als 4 Wochen nach Erhalt der Gutachten wieder auf dem Schreibtisch des Editors landen. Längere Intervalle bezeugen nur das geringfügige Interesse der Autoren an einer Veröffentlichung des Artikels. Das finale Urteil des Editors über Erfolg oder Misserfolg lässt dann schließlich weit weniger lange auf sich warten als die ursprünglichen Gutachten. Nicht selten kann man schon wenige Wochen nach der Revision seinen Chef über den neuesten Publikationsspross informieren und das nächste Fass Bier aufmachen. Ab dem Erhalt des Akzeptanzschreibens darf man den Artikel übrigens offiziell zitieren (mit dem bibliographischen Zusatz ›in print‹) und in sein Curriculum Vitae aufnehmen.

Hält man später die ***Druckfahnen*** in den Händen, dauert es meist nicht mehr lange bis zur tatsächlichen Veröffentlichung des Artikels. Bei der Durchsicht der Druckfahnen hält man zum ersten Mal die weitgehend endgültige Form seines Artikels in der Hand und sollte bei dessen Korrektur daran denken, dass es die allerletzte Chance bietet, noch kleinere Fehler auszumerzen. Größere Veränderungen des Artikels sind in diesem Stadium allerdings nicht mehr möglich (das sollte nach der vorausgegangenen Revision ja auch gar nicht mehr notwendig sein). Meister der Effizienz haben nun schon die sog. ›Two-Fer-Strategie‹ im Sinn, also einen ähnlichen Folgeartikel, der auf dem Publikationserfolg des ersten Artikels gründet. Im Gegensatz zur wenig lauteren ›Salamitaktik‹, dem scheibchenweisen Verkauf einer wissenschaftlichen Arbeit, gelten Folgearbeiten keineswegs als verpönt, sondern im Gegenteil als ein Zeichen für das fortlaufende Interesse des Autors an der Thematik. Und was spricht dagegen, den gerade errungenen Sieg nicht gleich für sich zu nützen? Der Präsenz deutscher Autoren im wissenschaftlichen Blätterwald kann das nur gut tun. ***Go for it!***

Das wird ja eine Doktorarbeit ... – Die Promotion

3.1 *Nur akademischer Titel oder wissenschaftlicher Olymp?* – Die Auswahl des richtigen Dissertationsthemas

Das Schicksal des Doktoranden ist kein leichtes: Gerade eben findet man sich einigermaßen an der Universität zurecht, hat Vorlesungsverzeichnisse, Kursverpflichtungen, Prüfungseigenheiten und universitäre Strukturen durchschaut, den sicheren Weg zu Cafeteria, Mensa und Toilette gefunden, soll man sich schon wieder auf neues Terrain begeben. Die Statistik zeigt: Weiterhin strebt die überwiegende Mehrheit der Medizinstudenten eine Dissertation an, und das aus unterschiedlichen Gründen. In der Tat gibt es eine Reihe von guten Gründen, die Promotion im Fach Medizin anzustreben. Die medizinische Fakultät führt sicher die Liste der Quotienten zwischen Aufwand und Doktortitel zugunsten der Doktoranden deutlich an. In keinem anderen Studienfach wird der Doktortitel für ähnlich wenig Aufwand verliehen wie in der Medizin. Der Doktortitel wird den Mediziner fortan sein ganzes Leben begleiten und ein nicht unbeliebter Teil des Namens werden. Jedem, der hinter die Kulissen der medizinischen Wissenschaft zu blicken vermag, ist zwar klar, dass ein medizinischer Doktortitel überhaupt nichts mit fachlicher Qualifikation zu tun hat. Aber doch assoziieren die meisten Menschen, ob Patienten oder nicht, mit dem Titel eine Portion Seriosität und Integrität. Es ist vermutlich wirklich nicht unklug, diesen Effekt als Marketingtool für seine Praxis oder seine berufliche Tätigkeit auszunützen. Das Erlernen all jener Fähigkeiten, die für die Dissertation nötig sind, von Labor- oder Untersuchungstechniken bis zum Verfassen medizinischer Manuskripte, hat schließlich nicht nur für all jene eine Bedeutung, die eine akademische Karriere verfolgen. Und last, but not least kann man über die Dissertation einen direkten, persönlichen Zugang zu Mentoren und Entscheidungsträgern knüpfen, die bei der Stellensuche und auch noch während der beruflichen Laufbahn sehr hilfreich sein können. Diesen Vorteilen steht freilich die Zeit entgegen, die man vor und während der Dissertationsarbeit investieren muss, ganz zu schweigen von den grauen Haaren, die als Resultat der fast nie ausbleibenden Sorgen und

Jan Tomaschoff/CCC, www.c5.net

Frustrationen entstehen. Dieser Leitfaden und die folgenden Kapitel sollen dazu beitragen, die Menge an Haartönung jedoch möglichst gering zu halten.

Keineswegs steht die Auswahl des Themas am Anfang einer erfolgreichen Promotion. Vielmehr sind es zwei Fragen, mit denen sich der Doktorand in spe zunächst beschäftigen sollte: ›***Warum möchte ich promovieren?***‹, und ›***Mit welcher Art von Dissertation erreiche ich dieses Ziel am besten?***‹. Die möglichen Gründe, sich für eine Promotion zu entscheiden, haben wir im vorherigen Absatz geschildert. Wichtig ist nun zu prüfen, welcher dieser Beweggründe ganz persönlich im Vordergrund steht. Dieses persönliche Ranking wird die Auswahl der Art von Dissertation ganz entscheidend beeinflussen. Ein Vergleich macht dies deutlich: Hat man sich für Wohneigentum entschieden, so ist zwar klar, dass der Gang zu Immobilienmakler, Bank und Notar unumgänglich ist. Bevor man allerdings die entsprechenden Annoncen in den Zeitungen durchforstet, tut man gut daran zu entscheiden, ob es sich um eine Kapitalanlage, ein Steuersparmodell, eine Wohnung für sich selbst oder ein Haus im Grünen für die ganze Großfamilie handeln soll. Erst wenn diese ***Rahmenbedingungen geklärt*** sind, macht die Besichtigung von verschiedenen Angeboten Sinn. Vor dem Entschluss für eine Promotion und der nachfolgenden Suche nach einem Dissertationsthema und einem Promotionsbetreuer sollte man diese beiden Fragen in Ruhe klären und sich dadurch so manche Blasen an den Füßen sparen.

Es gibt letztendlich drei Aspekte einer Doktorarbeit, die man in eine persönliche Reihenfolge bringen muss: der ***akademische Titel***, das ***Erlernen neuer Fähigkeiten*** und die ***Relevanz der Arbeit*** für die weitere berufliche Laufbahn. Wer lediglich den Titel im Vordergrund sieht und diesen mit möglichst geringem Aufwand erhalten möchte, der ist mit einer statistischen Arbeit sicher besser beraten als mit einer langwierigen, experimentellen Aufgabe. Für denjenigen, der Untersuchungstechniken erlernen möchte und Patientenkontakt sucht, wäre eine solche Arbeit geradezu eine Qual. Und für denjenigen, der seine Zukunft in der molekularbiologischen Forschung sieht und bereits sein Auge auf ein Forschungsinstitut geworfen hat, wäre eine klinische Forschungsarbeit weitgehend Zeitverschwendung. Es stellt sich also nicht die Frage, welche Art von Dissertationsarbeit die beste ist, sondern welche Form zu einem selbst am besten passt.

Vereinfacht unterscheidet man drei Formen der Dissertationsarbeit:

Die drei Formen der Dissertationsarbeit

- die retrospektive statistische Arbeit
- die prospektive, klinische Studie
- die experimentelle Arbeit

Auch wenn diese Auflistung nur ein grobes Raster darstellt und manche Arbeiten ein Hybrid zwischen zwei Formen der Dissertationsarbeit darstellen, so erleichtert diese Einteilung die Orientierung. Die ***retrospektive, statistische Arbeit*** wird häufig als das Sparmodell der Dissertation gehandelt. Wahr ist sicherlich, dass sie in den meisten Fällen mit dem geringsten Aufwand zum Doktortitel führt. Gegenstand der Arbeit ist in der Regel die Erhebung und Auswertung von Daten aus Patientenakten, um eine vorgegebene Fragestellung auf der

Grundlage des eigenen Patientenkollektivs zu beantworten. So könnte eine Fragestellung etwa lauten: ›Wird die Inzidenz von septischen Komplikationen von der Marke der Hüftendoprothesen beeinflusst?‹. In diesem Falle würde der Doktorand sicher die Aufgabe bekommen, die Krankenakten aller Patienten mit einer Hüftprothese mit Operationsdatum innerhalb eines bestimmten Zeitraumes zu analysieren. Im Regelfall wird man eine vorgegebene Anzahl von Parametern in eine vorbereitete Datenbank eingeben und sie mit einem Statistikprogramm auswerten.

Der Hauptvorteil einer retrospektiv statistischen Arbeit liegt sicher in dem meist überschaubaren, berechenbaren Zeitaufwand und der Unabhängigkeit von Patienten und Labormitarbeitern. Patientenakten sind geduldig und kennen weder Feierabend noch Termine.

Die Nachteile liegen auf der Hand: Der eigene wissenschaftliche Beitrag hält sich bei dieser Arbeit in Grenzen und beschränkt sich letzten Endes auf die Ausführung eines wissenschaftlichen Zielauftrages, fast mit einer Dienstleistung vergleichbar. Durch das Studium der Patientenakten kann man sicher vieles dazu lernen, aber den frischen Atem der wissenschaftlichen Welt oder großen Medizin wird man in den Patientenarchiven vergeblich suchen.

Die Fragen, die man beim Dissertationsshopping an den Betreuer stellen sollte, umfassen unter anderem:

- *Wie viele Patienten sollen untersucht werden?*
- *Welche und wie viel Parameter pro Patientin sollen erfasst werden?*
- *Wird die Fragestellung auf jeden Fall mit dieser Patientenzahl und den Parametern zu beantworten sein?*
- *Wie ist die Verfügbarkeit der Patientenakten? Ist sie an bestimmte Bedingungen (z.B. Öffnungszeiten) geknüpft?*
- *Gibt es eine bestehende Datenbank, in die die Daten eingegeben werden können? Wenn nicht, wer wird sie programmieren?*
- *Wer ist für die statistische Auswertung zuständig?*

Die ***prospektive klinische Studie*** ist das klassische Beispiel für klinische Forschung, also Wissenschaft direkt am Patienten. Klinische Studien können von einer kleinen Phase I Studie zur Dosisfindung eines neuen Medikamentes an 15 Patientinnen oder der Nachuntersuchung von zwei Dutzend Patientinnen nach einer bestimmten Operation bis zu einer großen Phase III Studie reichen, die zwei Therapieformen randomisiert vergleicht und vielleicht die medizinische Standardtherapie neu definieren wird. Anhand eines vorher festgelegten Protokolls wird durch direkte Arbeit am Patienten eine klinische Fragestellung benötigt. Die Tatsache, dass Forschung direkt am Patienten stattfindet, erfordert natürlich, sich vorher gut und detailliert zu überlegen, wie die Untersuchung durchgeführt wird. Diese Überlegungen werden gewöhnlich in einem Protokoll festgelegt, das der Ethikkommission (Institutional Review Committee) der Universität unterbreitet und von dieser genehmigt werden muss. Liegen beide dieser Voraussetzungen vor, dürfte das Mindestmaß an struktureller Vorbereitung erreicht sein. Wenn nicht, sollte man kritisch fragen, warum es ein solches Protokoll (wenigstens als Konzeptpapier) noch nicht gibt, und wer es bis wann schreiben wird.

Der Hauptvorteil einer klinischen Studie liegt wohl gerade in der Distanz zum Krankenblattarchiv – es handelt sich um wirkliche, leibhaftige Patienten. Die klinische Studie bietet dem Doktoranden häufig die Möglichkeit, erste selbstständige Gehversuche beim Umgang mit Patienten, Pflegepersonal und Ärzten verschiedener Hierarchieebenen zu sammeln, also richtige ›***Medizin***‹ zu schnuppern. In dem Ausmaß, in dem andere Personen sowohl als Ausführende wie auch als Patienten Teil der Arbeit werden, steigen indes auch die menschlichen Imponderabilien. Ärzte, die man etwa für die Durchführung einer bestimmten Untersuchung braucht, können gehetzt oder desinteressiert sein, die Krankenschwestern auf Station sind oft überlastet und die Patienten haben genau dann Zeit, wenn gerade der Pathologiekurs stattfindet. All diese Probleme sind lösbar, aber sie erfordern ein wesentlich höheres Maß an Flexibilität und Engagement als eine rein statistische Arbeit, bei der man sich nur mit den Krankenakten arrangieren muss. Gerade diese Erfahrungen und der erste, echte Kontakt mit der medizinischen Realität können aber auch der Lohn einer solchen Dissertationsarbeit sein, vorausgesetzt dass ein Funke Leidenschaft für die Wissenschaft das Durchhalten ermöglicht. Um böse Überraschungen zu vermeiden, sollte man beim Gespräch mit dem Promotionsbetreuer folgende Fragen stellen:

- *Gibt es ein Studienprotokoll für die klinische Studie?*
- *Wurde ein Ethikantrag für die Untersuchung gestellt, liegt das Votum vor?*
- *Stellt eine statistische Fallzahlschätzung die Verwertbarkeit des Ergebnisses sicher?*
- *Welche Aufgaben im Rahmen der Studie obliegen dem Doktoranden?*
- *Wie wird die Anleitung für die klinischen Aufgaben des Doktoranden sichergestellt?*
- *Sind die logistischen Voraussetzungen für die Durchführung der Studie gegeben (z.B. Absprache mit anderen Abteilungen, Untersuchungsgeräte, etc.)*
- *Welche Interventionen, Untersuchungen, etc. müssen durchgeführt werden?*
- *Gibt es eine bestehende Datenbank, in die die Daten eingegeben werden können? Wenn nicht, wer wird sie programmieren?*
- *Wer ist für die statistische Auswertung zuständig?*

Die ***experimentelle Arbeit*** ist ohne Frage der Mercedes unter den Dissertationsformen – gut und mit bleibendem Wert, aber zu einem anspruchsvollen Preis. Auch wenn die beiden anderen Dissertationsformen ›richtige‹ Wissenschaft sind und einen wichtigen Beitrag für den Erkenntniszugewinn liefern können, ist die experimentelle Forschungsarbeit der Prototyp für Arbeiten in den Bereichen ***Basic Research*** und ***Translational Science***. Das Image vom Doktoranden, der Freitagnachts um 1.00 Uhr im Halblicht und umrahmt von gebrauchten Kaffeetassen und Post-it's über der Perfektion von Assays brütet, ist gar nicht einmal so überzeichnet. Die experimentelle Arbeit wird der Königsklasse der Dissertationsarbeiten zugeordnet, weil sie im Vergleich zu den anderen Formen der Dissertation ein ungleich höheres Maß an Zeit, analytischem und konzeptionellem Engagement, Ausdauer und Beharrlichkeit erfordert. Der Ort des Geschehens ist in der Regel ein Forschungslabor, in dessen Arbeitsgruppe man vorübergehend integriert wird und in dem man sich etwa an die Etablierung einer modifizierten Nachweismethode, an Zellkulturexperimente oder an die Perfektion einer Färbemethode machen soll. Wie der Name schon sagt: Es handelt sich gewöhnlich um Experimente, deren Ausgang in unterschiedlichen Graden der Vorhersehbarkeit unvorhersehbar sind. Hat man viel Glück oder der Laborleiter einen guten Riecher, klappt das Experiment schon bei einem der ersten Male, und man muss es vielleicht nur noch einige Male wiederholen. Hat man viel Pech, stellt sich nach monatelanger intensiver Arbeit heraus, dass das geplante Färbeprotokoll einfach nicht durchführbar ist, und man muss mit einem ganz neuen Ansatz beginnen. Der Gauß'schen Kurve folgend dürfte das Schicksal der meisten Doktoranden irgendwo dazwischen angesiedelt sein. Eine experimentelle Arbeit kann die Grundlage für den größten Erfolg während des Studiums sein, aber auch für den größten Nachschub an Enttäuschung, Zorn und Schlaflosigkeit sorgen. ›***No risk, no fun***‹ – das gilt auch für die Wahl der Dissertationsarbeit. Um das Risiko wenigstens etwas zu minimieren, sollte man den potenziellen Dissertationsbetreuer um die Beantwortung der folgenden Fragen bitten:

- *Gibt es ähnliche Vorarbeiten mit einer vergleichbaren Methode? Wie hoch ist das Risiko, dass das Ziel der experimentellen Arbeit nicht erreicht wird?*
- *Auf wie viele Laborstunden kann die Arbeit in etwa geschätzt werden, wenn man von einem durchschnittlichen Erfolg der Experimente ausgeht?*
- *Steht eine MTA oder anderes Personal als Unterstützung bei den Experimenten zur Verfügung?*
- *Gibt es einen Ablaufplan für die durchzuführenden Experimente sowie Protokolle der einzelnen Arbeitsschritte?*
- *Welcher Arbeitsplatz steht wann im Forschungslabor zur Verfügung?*

Entgegen der Annahme der meisten Dissertationsarbeitsuchenden ist die ***Auswahl*** des eigentlichen ***Themas*** im Vergleich zu diesen Fragestellungen nur ***sekundär***. Selbstverständlich sollte man vornehmlich ein dermatologisches Thema wählen, wenn man sich sicher ist, dass einem die dermatologische Facharztausbildung genetisch in die Wiege gelegt ist. Aber wer ist sich dessen im 5. Studiensemester schon sicher? Die Erfahrung zeigt, dass viele Doktoranden später doch in anderen Fachgebieten landen, was auch nicht weiter tragisch ist. Neben den angesprochenen Aspekten sollte mehr das Interesse für das Thema und nicht zuletzt der Gesamteindruck von den Betreuern entscheiden.

Auch die ***Benotung*** der Dissertation dürfte für den weiteren Werdegang eher eine untergeordnete Rolle spielen. Die Noten reichen von einem nur sehr selten vergebenen ›summa cum laude‹, über ›cum laude‹ und ›laude‹ bis zu ›rite‹, was einer gerade noch akzeptablen Arbeit entspricht. Ein ›summa cum laude‹ zeichnet Dissertationsarbeiten exzeptioneller Qualität aus, die einen wesentlichen Beitrag für die medizinische Forschung geleistet haben. In den medizinischen Fakultäten der meisten Universitäten ist hierfür ein besonderes, meist langwieriges Begutachtungsverfahren notwendig. Das Prädikat ist eine besondere Auszeichnung und fast nur durch eine erfolgreiche experimentelle Arbeiten zu erreichen. Ohne Frage ist ein ›summa cum laude‹ eine Visitenkarte, die einen Bewerber zumindest zu Beginn einer wissenschaftlichen Karriere ›adelt‹. Allerdings ist es eher unwahrscheinlich, dass der Unterschied der anderen Notenstufen einen erheblichen Einfluss auf die Attraktivität eines Bewerbers nimmt. Den meisten Klinikchefs ist es eher wichtig, dass die Arbeit abgeschlossen ist – zum einen weil dies beweist, dass der Bewerber zielstrebig Projekte erfolgreich zu Ende bringen kann, und zum anderen weil es jeder Klinikchef ungern sieht, dass die Arbeitskraft eines seiner Mitarbeiter durch nächtelanges Arbeiten an der Dissertationsarbeit in Mitleidenschaft gezogen wird.

Wie für alle wissenschaftlichen Arbeiten ist der wichtigste Rat, den man dem Einsteiger geben kann: ***Carpe diem.*** Die schmerzvollsten Doktorarbeiten (sowohl für Betreuer als auch für Doktoranden) sind jene, die sich über viele Jahre und vor allem über alle Staatsexamina und beginnende Berufstätigkeit erstrecken. Bis auf wenige Ausnahmen sollte es Ziel jedes Doktoranden sein, die Arbeit bis zum II. Staatsexamen zur endgültigen Korrektur an den Doktorvater geschickt zu haben. Danach werden die zeitlichen und mentalen Kapazitäten zu sehr von anderen Prioritäten in Anspruch genommen: Zunächst vom II. Staatsexamen, dann von den wechselnden Ansprüchen des praktischen Jahres, dann vom III. Staatsexamen und dann von der Realität der Arbeitswelt. Der Zweckoptimismus, dass zwischendurch genügend Freiräume bleiben, um die Doktorarbeit zu Ende zu führen, bleibt meist ohne reelles Korrelat. Zahllose Doktoranden, die kurz vor Praxisgründung oder nach dem Nachtdienst erschöpft noch an ihrer Dissertation basteln müssen, können davon ein leidvolles Lied singen. Auch wenn die Ansprüche während des Studiums erst aus der Perspektive der Berufstätigkeit milder erscheinen: Nie wieder werden die Voraussetzungen für die erfolgreiche Fertigstellung einer Dissertationsarbeit besser sein als während der mittleren Phase des Studiums.

3.2 *Prüfe sich, wer sich bindet –* Wie finde ich den richtigen Dissertationsbetreuer?

Hand aufs Herz: Keine Lebensgemeinschaft kann auf Dauer existieren, wenn nicht die Bedürfnisse auf beiden Seiten gestillt werden. Dieser Grundsatz gilt auch für die temporäre Ehe zwischen Doktorand und Betreuer. Und ähnlich wie bei einer Ehe oder Lebensabschnittsgemeinschaft ist das gesamte Spektrum von Himmel bis Hölle möglich. Nun zieht die Schicksalsgemeinschaft bei Dissertationen glücklicherweise weniger Konsequenzen nach sich als eine Lebensgemeinschaft. Dennoch kann vom Verhältnis zwischen Doktorand und Betreuer so viel abhängen, dass sich einige Mühe und ein paar Gedanken lohnen, bevor sich beide Seiten festlegen. Das Fundament der Beziehung zwischen den beiden Partnern liegt in einer professionellen Symbiose. Der Doktorvater, der meist einen promovierten Begleiter für die direkte Betreuung ins Rennen schickt, möchte wissenschaftliche Ergebnisse, da das (Über-)Leben in der forschenden Welt von wissenschaftlichen

Lebenszeichen in Form von Kongressbeiträgen und Publikationen abhängt. Die Ergebnisse, die in diesen Beiträgen präsentiert werden, kann ein Wissenschaftler unmöglich alle selbst produzieren. Er wird sich deshalb möglichst nach Mitarbeitern, Kooperationspartnern – und eben Doktoranden umsehen. Ziel des Doktoranden wird sein, eine wissenschaftliche Fragestellung so zu verfolgen, dass der Betreuer die Ergebnisse anschließend in seinen wissenschaftlichen Fundus übernehmen kann. Der Betreuer wird also wesentlich von der Arbeit des Doktoranden profitieren.

Im Gegenzug kann der Doktorand zwei Gegenleistung erwarten: eine ***gute Betreuung*** und einen ***Doktortitel***. Die Mühe und Zeit, die ein Betreuer in die Fürsorge für einen Doktoranden steckt, ist nicht zu unterschätzen, zumindest wenn er oder sie seine/ihre Aufgabe ernst nimmt. Der erfahrene Betreuer wird den Doktoranden mit sicherer Hand durch alle Stadien der Dissertation führen, ihm so unnötige Arbeit und Frustration ersparen und gleichzeitig den Fortschritt der Arbeit zum eigenen Vorteil fördern. Am Ende dieses Prozesses steht für den Doktoranden der akademische Titel und für den Betreuer hoffentlich ein Kongressbeitrag und eine Publikation. Die Betreuungsarbeit teilen sich dabei ein promovierter und ein habilitierter Betreuer. Meist übernimmt der promovierte Betreuer die komplette Detailbetreuung, während der Doktorand den habilitierten Betreuer nur selten zu Gesicht bekommt. Letzterer ist allerdings für die Anfertigung des ›***Votums***‹, also der Empfehlung an den Promotionsausschuss zur Notengebung, zuständig und trägt die Gesamtverantwortung für die Promotion. Meist wird der habilitierte Betreuer auch die Endkorrektur des Manuskriptes vornehmen.

Ende gut, alles gut. In den meisten Fällen funktioniert die Symbiose zwischen Doktoranden und Betreuern recht gut, weil die beiden die gleichen Ziele verfolgen. Man kann sich also mit Zuversicht auf die Suche nach einem Betreuer und nach einer Doktorarbeit machen. Der Betreuer seinerseits wird nach einem Doktoranden Ausschau halten, der in der Regel zu Beginn des klinischen Abschnittes des Medizinstudiums steht und glaubhaft machen kann, zielstrebig, selbstständig und sorgfältig eine wissenschaftliche Fragestellung innerhalb der vorgegebenen Rahmenbedingungen bearbeiten zu können. Der Doktorand sollte im Gegenzug auch auf einige Eigenschaften des Betreuers achten, die die Zusammenarbeit erleichtern werden. Freilich wird der Doktorand (hoffentlich) nicht sehr viel Erfahrung beim Umgang mit Dissertationsbetreuern haben und ist somit mehr auf seinen Schutzengel angewiesen als sein Gegenüber. Im Folgenden wollen wir einige Hinweise für den Promotionswilligen geben.

Persönliche Sympathie sollte offiziell in der Wissenschaft eine eher untergeordnete Rolle spielen. Aber wie im richtigen Leben ist sie eine Grundvoraussetzung für ein angenehmes und produktives Miteinander: So sollte sich der Doktorand durchaus auch davon leiten lassen, ob er sich vorstellen kann, zusammen mit dem zukünftigen Betreuer viel Zeit verbringen zu können. Es muss ja nicht gleich die vierwöchige Enklave auf einer einsamen Insel sein, die im Bereich des Vorstellbaren liegen muss. Gute Möglichkeiten, Menschen (und auch ein solcher steckt hinter jedem Wissenschaftler) im echten Leben kennen zu lernen, sind Praktika und Famulaturen, während derer man direkt oder indirekt dem zukünftigen Betreuer über die Schulter und auch auf die Finger schauen kann. Dabei muss man gar nicht in derselben Abteilung des möglichen Betreuers arbeiten. Während einer vierwöchigen Tätigkeit in einer Klinik ergeben sich viele Möglichkeiten, sich selbst ein Bild über einen Menschen zu machen und die Einschätzung anderer über ihn zu erfahren. Eigenschaften wie Stressresistenz, Loyalität, Effizienz, Zuverlässigkeit und nicht zuletzt Umgänglichkeit wird man in dieser Zeit unauffällig beobachten oder vermissen können.

Der zukünftige Betreuer sollte zu Beginn des Erfolgsprojektes ›Doktorarbeit‹ vor allem ein ***klares Konzept*** von Fragestellung und Methode der Studie haben. Diese Konzeptarbeit kann in den seltensten Fällen der Doktorand selbst leisten, da ihm die Erfahrung und das Umfeld fehlen. Für einen Betreuer, der nur eine nebulöse Vorstellung von dem hat, was er mit der Arbeit eigentlich beantworten will und wie er diese Antwort erreichen möchte, ist vielleicht noch nicht der richtige Zeitpunkt für die Akquisition eines Doktoranden gekommen.

Formulierungen, wie ›***werten Sie einfach mal einige Dutzend Patienten aus, dann sehen wir mal, was sich daraus machen lässt...***‹, sollten Doktorarbeitssuchenden aufhorchen lassen. Eine gute Möglichkeit, die wissenschaftliche Effizienz des potenziellen Betreuers zu prüfen, sind bisherige Publikationen zum Thema und das Gespräch mit früheren Doktoranden. Der Doktorand steckt zwar nicht in der Position, offen Referenzen fordern zu können, mit der sich der Betreuer gleichermaßen ausweisen müsste. Es ist aber auch nicht verboten, nach früheren oder derzeitigen Doktoranden zu fragen, und diese nach ihren Erfahrungen zu befragen. Ein souveräner Betreuer wird diese Nachfragen nicht scheuen.

Ein wenig aussagekräftiges Qualitätsmerkmal für die Auswahl eines Betreuers ist das Alter, oder die Position innerhalb der hierarchischen Strukturen. Während sich ein junger, ideenreicher Betreuer vielleicht noch mit viel Engagement und wenig belastetem Zeitrahmen ausgestattet, rührend um einen Doktoranden kümmern kann, mangelt es ihm hingegen an Erfahrung, und seine Möglichkeiten als Jungwissenschaftler sind begrenzt. Andererseits besitzt der erfahrene Oberarzt oder Laborleiter zwar viel mehr Routine, wird aber auch gleichzeitig noch viele andere Aufgaben auf seiner Agenda haben, die sein Interesse oder seine Möglichkeit zur detaillierten Betreuung eines Doktoranden einschränken. Unabhängig vom Alter der potenziellen Betreuer sollte aber eine Voraussetzung bei beiden bestehen: Die Betreuer sollten aller Voraussicht nach für die Dauer der Arbeit und darüber hinaus eine berufliche Perspektive an der entsprechenden Institution haben. Assistenzärzte, die aufgrund des nahenden Vertragsendes noch schnell wissenschaftliche Aktivität demonstrieren möchten, oder Oberärzte, die sich auf Chefpositionen bewerben, eignen sich als Betreuer nur bedingt. ***Aus dem Auge, aus dem Sinn:*** Ist der Chefarztvertrag in Buxtehude erst einmal unterschrieben, hat der Herr Doktorvater in der Regel ganz andere Sorgen, als eine Dissertation zu korrigieren. Und schon alleine die räumliche Entfernung erschwert es dem Doktoranden dann, den nötigen Druck auszuüben.

Die Betreuer werden wohl eine der großen Unbekannten einer Dissertation bleiben, bis diese gebunden beim medizinischen Dekanat in Sicherheit gebracht ist. Sie werden dem späteren Arzt oft besonders intensiv als wichtige Persönlichkeiten seines Studiums in positiver oder negativer Erinnerung bleiben. All die Diskussionen über fachliche Gesichtspunkte und der Gesamtrahmen universitärer und klinischer Strukturen sollten vor allem über eine Tatsache nicht hinwegtäuschen, die man im Eifer des Gefechts gerne vergisst: Betreuer sind auch nur ganz normale Menschen mit Stimmungen, Schwächen und menschlichen Bedürfnissen. Dies im Auge zu behalten, erleichtert manchmal den Umgang mit diesen ›***Zwangsehepartnern***‹ auf Zeit.

3.3 *Kampf dem Monster –* Der Umgang mit Textverarbeitungsprogrammen bei Dissertationen und anderen großen Dokumenten

Manche Segnungen der Technik sind schon soweit zur Normalität geworden, dass man sich das Leben gar nicht mehr ohne sie vorstellen

Oswald Huber/CCC, www.c5.net

kann oder ihre Präsenz überhaupt nicht mehr wahrnimmt. Man glaubt es kaum: Der Einsatz von Textverarbeitungsprogrammen setzte sich gerade mal vor 20 Jahren langsam durch, und es ist noch gar nicht so lange her, dass Schreibmaschinen in den Speicher von Bürogebäuden verbannt wurden. Will man ein wohliges Grausen spüren, liest man am besten einen guten Krimi oder lässt sich von älteren Semestern erzählen, wie Doktorarbeiten vor 30 oder 40 Jahren entstanden sind.

Ohne Zweifel: Moderne Textverarbeitungsprogramme erleichtern uns die Arbeit des Schreibens um ein Vielfaches und sind heute so unersetzlich wie die Waschmaschine für den Haushalt und das Beatmungsgerät für den Anästhesisten. Ganz selbstverständlich gehen wir von der Möglichkeit aus, Texte beliebig oft zu verändern, Schriftarten auszuwählen, die Größe von Buchstaben zu variieren und Manuskripte von mehreren hundert Seiten in Sekundenschnelle elektronisch über den Ozean ans andere Ende der Welt zu versenden. Fast unüberschaubar ist die Zahl der Publikationen, die dem Neuling den Umgang mit Textverarbeitungsprogrammen erleichtern und sinnvolle Tipps zum Erstellen von Texten geben. Ziel dieses Kapitel soll lediglich sein, auf jene Funktionen von Textverarbeitungsprogrammen hinzuweisen, die beim Verfassen von größeren wissenschaftlichen Manuskripten besonders hilfreich sein können.

Das Verfassen eines längeren Dokumentes beginnt man sinnvollerweise mit der ***Erstellung einer Gliederung***. Hat man hierfür früher ein eigenes Blatt Papier herangezogen, so wäre es in den Zeiten der Textverarbeitungsprogramme falsch, die Gliederung in einer eigenen Datei anzulegen. Textverarbeitungsprogramme bieten hierfür eine ***eigene Gliederungsfunktion*** an, die man bereits ganz zu Beginn des Textkomponierens einsetzen sollte. Man nummeriert also die geplanten Überschriften nicht wie gewohnt und fügt sie in eine Hierarchie ein, sondern schreibt sie zunächst einfach mit Abstand einiger Leerzeilen untereinander wie einen normalen Text. Anschließend ***stuft*** man in der Gliederungsansicht die Überschriften dann in eine ***Hierarchiestufe*** ein, die dazu führt, dass das Textverarbeitungsprogramm die Überschriften automatisch in einem festlegbaren Format numme-

Table·of·contents¶

riert. Man lässt dann ein Inhaltsverzeichnis am Textanfang erstellen und erhält so im Nu eine ansehnliche Gliederung.

Ein Vorteil dieser Vorgehensweise ist, dass ***Veränderungen*** in den Überschriften, das Einfügen oder Streichen von Überschriften und Änderungen in der Gliederungshierarchie ***automatisch*** zu einer Korrektur der Nummerierung und des Inhaltsverzeichnisses führen. Durch ***Gelbmarkierung der Überschriften*** von noch unbearbeiteten Abschnitten erhält man auch einen schnellen Überblick, was noch zu erledigen ist. Hat man einen Abschnitt fertig gestellt, löscht man die Gelbmarkierung wieder. Je weniger ›gelb‹ das Inhaltsverzeichnis aussieht, desto näher ist man der Fertigstellung des Manuskriptes gekommen. Die ***Stelle*** der ***aktuellen Bearbeitung*** kann man mit einem ***Sonderzeichen*** markieren, das sonst im Text nicht vorkommt und welches man mit der Suchfunktion leicht auffinden kann.

Auch andere gliederungsabhängige Elemente sollte man ausschließlich durch automatisierte Funktionen des Textverarbeitungsprogrammes einfügen wie etwa ***Querverweise.*** Möchte man im laufenden Text etwa auf eine Stelle eines anderen Kapitels im selben Dokument verweisen, sollte man sich hüten, die Kapitelnummer nachzusehen und einfach als Normaltext einzutippen. Fügt man auch nur irgendwo ein zusätzliches Kapitel ein, so verschieben sich alle folgenden, und der manuell vergebene Querverweis wird inkorrekt. Der arme Leser wird vergeblich die vermeintliche Textstelle suchen. Verwendet man hingegen die ***Querverweisfunktion*** des ***Textverarbeitungsprogrammes***, so wird dieses im Falle einer Veränderung an der Gliederungsstruktur auch die entsprechenden Querverweise korrigieren. Das führt nicht nur bei langen Manuskripten zu einer großen Zeitersparnis, sondern vermeidet auch Fehler, die bei manuellem Nummerieren unumgänglich entstehen würden. Das Gleiche gilt auch für die ***Nummerierung*** von ***Tabellen*** und ***Abbildungen.*** Auch dies sollte man getrost dem Textverarbeitungsprogramm überlassen. Das Erstellen von ordentlichen Abbildungs- und Tabellenverzeichnissen ist noch ein zusätzliches, hilfreiches Nebenprodukt dieser automatisierten Funktionen. Je größer ein Dokument ist, desto wichtiger sind die automatisierten Funktionen der Textverarbeitungsprogramme, deren Nutzung bei den unvermeidlichen späteren Korrekturen vor Folgefehlern schützt.

Beim ***Editieren von Manuskripten*** solle man ebenfalls von elektronischen Hilfsmitteln Gebrauch machen. Man sollte die Editoren bitten, Korrekturen und Änderungsvorschläge mittels der ***Korrekturfunktion*** des betreffenden Textverarbeitungsprogrammes durchzuführen und ***Kommentare elektronisch*** einzufügen. Auf diese Weise braucht man nicht mit der Handschrift der korrekturlesenden Kollegen kämpfen und kann bequem die Änderungen der Editoren nach verfolgen und Änderungsvorschläge verwerfen oder akzeptieren. Beim Korrigieren von Manuskripten sollte man auch darauf achten, die ***Rechtschreibe-*** und ***Grammatikkorrekturfunktion*** einzuschalten.

Rechtschreibefehler sollten bei einem eingereichten Manuskript nicht mehr vorkommen, sie wirken ähnlich wie Fettflecken auf einer Visitenkarte. Bereits beim Schreiben kann man die ***Thesaurusfunktion*** des Textverarbeitungsprogrammes benutzen und so unnötige Wortwiederholungen vermeiden.

Das Auffinden und Erlernen der entsprechenden Funktionen kostet zwar anfangs viel Zeit und ist lästig, wird sich aber später mehrfach amortisieren. Die Versuchung ist groß, den vermeintlich einfacheren Weg zu gehen und der Schnelligkeit willen selbst Hand anzulegen, anstatt dem Textverarbeitungsprogramm das Arbeiten zu überlassen. Man würde diese Taktik allerdings später verfluchen und viel mehr Zeit aufwenden, als man primär für den Lernprozess hatte investieren müssen.

3.4 *Die Kunst des Maßhaltens –* Besonderheiten beim Verfassen der Dissertationsarbeit

Auf manchen Kongressen bekommt man das Gefühl, dass einige Autoren überzeugt sind, je größer ihr Poster sei oder je farbiger die Dias schillern, desto gewaltiger würden die Kongressbesucher beeindruckt sein. Die Qualität des Inhalts verhält sich manchmal allerdings umgekehrt proportional zur Fläche seiner Darstellung. Wer Wichtiges zu sagen hat, kommt schnell auf den Punkt. Ähnliches gilt wohl auch für Dissertationen: ***Mehr bedeutet nicht gleichzeitig besser.*** Die Dissertation über die Entdeckung der Tuberkelbakterien umfasste dem Vernehmen nach nur 12 Seiten und hat dennoch die Medizingeschichte verändert. Es ist angesichts der in diesem Leitfaden geschilderten elektronischen Hilfsmittel einfach, große Mengen von Text zu produzieren. Insgesamt ist zum Leidwesen unserer Bäume tatsächlich eine Inflation der durchschnittlichen Seitenzahl von medizinischen Dissertationen zu beobachten.

Ein Mittelweg dürfte auch in dieser Frage für alle Beteiligten die beste Lösung bieten. Die medizinischen Dekanate geben in der Regel keine Richtgrößen für den ***Umfang einer Dissertation*** vor, weil sich hierfür kaum ein Normbereich definieren lässt, so unterschiedlich sind doch die Themen. Während sich das letztendlich erfolgreiche Protokoll einer Färbereaktion nach unzähligen Experimenten auf wenigen Seiten zusammenfassen lässt, kann man mit der Beschreibung aller Details einer eigentlich simplen klinischen Phase I Studie gut 100 Seiten befüllen. Der Umfang ist in beiden Fällen kein Indikator für die Qualität. Gerät die Dissertation zu kurz, besteht die Gefahr, dass man dem Autor unterstellt, er hätte sich nicht ausreichend Mühe gegeben. Noch schlimmer sind allerdings unendlich lange Arbeiten, in denen die Gutachter nur mit Mühe den relevanten Inhalt finden können. Man sollte daran denken, dass Gutachter für Dissertationen meist viel beschäftigte Menschen sind, die sich abends im Bett oder morgens beim Kaffee mit Augenringen durch die Dissertation kämpfen. Da kann schon mal jedes überflüssige Wort als persönlicher Angriff gewertet werden. Für die meisten Dissertationen gilt: Der Umfang sollte 50 Din-A4-Seiten (zweizeilig, Schriftgrad 12) oder 100.000 Zeichen (mit Leerzeichen) nicht unterschreiten und vor allem 100 Din-A4-Seiten oder 200.000 Zeichen nicht überschreiten. Wie für jede Regel gibt es Ausnahmen, aber für die Mehrheit der Arbeiten dürfte man damit in einem angemessenen Rahmen liegen.

Der Aufbau wissenschaftlicher Manuskripte wurde schon in Kapitel 2.3 erläutert. Letztendlich unterscheiden sich Dissertationen von wissenschaftlichen Artikeln wenig, nur dass sie etwas ausführlicher verfasst werden. Über die Vorgaben zu Titelseite, Formatierung und Gliederungsvorgaben sollte man sich beim zuständigen Dekanat zu Beginn der Arbeit Informationen besorgen und diese sorgfältig studieren. Verstöße gegen diese Vorschriften werden von den Gutachtern ebenso als Unhöflichkeit gewertet wie das Ignorieren von Autorenrichtlinien wissenschaftlicher Artikel. Über die bekannten Elemente (Einleitung und Fragestellung, Patienten und Methode, Ergebnisse, Diskussion, Zusammenfassung) hinaus werden in einer Dissertation noch einige wenige Bestandteile zusätzlich erwartet. Das wichtige Kapitel, das in der Regel der Einleitung und Fragestellung folgt, wird meist mit

›***Hintergrund***‹ oder ›***Grundlagen***‹ bezeichnet. In diesem Kapitel sollte man den Leser mit allen wichtigen Informationen versorgen, die er benötigt, um die Arbeit zu verstehen, auch wenn er über keine Hintergrundkenntnisse verfügt. Letztendlich enthält dieses Kapitel eine Zusammenfassung des aktuellen Standes der wissenschaftlichen Literatur. Im Unterschied zu Artikeln in wissenschaftlichen Fachzeitschriften darf dieser Abschnitt durchaus auch Lehrbuchwissen enthalten, denn anders als beim Leser eines wissenschaftlichen Artikels muss der Leser einer Dissertation nicht unbedingt über Vorkenntnisse verfügen. Eine sorgfältige, umfassende, aber nicht zu lange Zusammenfassung des wissenschaftlichen Hintergrundes in diesem Kapitel der Arbeit wirkt als eine sehr gute Visitenkarte des Autors einer Dissertation.

Eine Reihe kleinerer Elemente wird die Dissertation schließlich noch vervollständigen. Das ***Abkürzungsverzeichnis*** oder ***Glossar*** erleichtert dem fachlich nicht Vorgebildeten das Zurechtfinden im Dschungel der medizinischen Abkürzungen. Im ***Anhang*** sollten alle Dokumente enthalten sein, die zwar integraler Bestandteil der Arbeit sind (wie etwa Ethikantrag und -votum, Patienteneinverständniserklärung, Deklaration von Helsinki, Produktinformationen, Erfassungsbögen etc.), aber nur Referenzcharakter haben. Die meisten Gutachter werden den Inhalt des Anhangs nur kurz überfliegen. Der ***Lebenslauf*** sollte chronologisch aufgebaut sein und alle Schritte der bisherigen Ausbildung vollständig enthalten. In der ***Danksagung*** schließlich sollte man mit Lob nicht sparen. Nichts ist einfacher, als Kooperationspartner zu Feinden zu machen, weil sie in der Danksagung nicht genannt wurden. Die Danksagung sollte alle Personen umfassen, die in irgendeiner Weise direkt oder indirekt einen Beitrag zur Entstehung der Arbeit geleistet haben. Zuerst wird der Doktorvater, also der habilitierte Betreuer, genannt, gefolgt vom promovierten Betreuer und allen weiteren Kooperationspartnern, jeweils mit einer kurzen, wohlwollenden Beschreibung ihres Beitrages. Auch Nicht-Mediziner können und sollen erwähnt werden, wenn sie etwa durch Korrekturlesen oder nicht zuletzt durch moralische Unterstützung den Geburtsprozess der Arbeit tatkräftig unterstützt haben.

Ein ***Beispiel*** für eine klassische Gliederung (einer Dissertation zum Thema ›Thromboseprophylaxe mit niedermolekularen Heparinen‹) wäre etwa:

1 Inhaltsverzeichnis

2 Einleitung und Problemstellung
2.1 Einleitung
2.2 Problemstellung

3 Grundlagen
3.1 Physiologie der Hämostase
3.1.1 Primäre Hämostase
3.1.2 Sekundäre Hämostase
3.2 Pathophysiologie der Thromboseentstehung
3.2.1 Veränderungen der Gefäßwand
3.2.2 Veränderungen der Blutströmung
3.2.3 Veränderungen der Zusammensetzung des Blutes
3.3 Prinzipien der Thromboembolieprophylaxe
3.3.1 Physikalische Methoden
3.3.2 Medikamentöse Methoden
3.4 Niedermolekulare Heparine
3.4.1 Herstellung und Pharmakodynamik
3.4.2 Pharmakokinetik

4 Material und Methoden
4.1 Studiendesign
4.2 Patienten
4.3 Präparate
4.3.1 Fragmin P Forte (Dalteparin-Natrium)
4.3.2 Mono-Embolex (Certoparin-Natrium)
4.3.3 Clexane 40 (Enoxaparin)
4.4 Farbcodierte Duplexsonographie
4.5 Erfassung von Daten zur Operation und Anästhesie
4.6 Postoperativer Verlauf und Laboruntersuchungen

5 **Ergebnisse**
- 5.1 Epidemiologische Grunddaten
- 5.2 Risikofaktoren
- 5.3 Operationsarten und Operationsverlauf
- 5.4 Perioperative anaesthesiologische Einflussfaktoren
- 5.5 Laborparameter
- 5.6 Postoperativer Verlauf und Verträglichkeit
- 5.7 Thromboembolische Komplikationen
- 5.8 Fallbeschreibungen
  - *5.8.1 Fall I*
  - *5.8.2 Fall II*
  - *5.8.3 Fall III*

6 **Diskussion**
- 6.1 Patientenkollektive mit einem hohen Risiko für thromboembolische Komplikationen
- 6.2 Welches niedermolekulare Heparin?
- 6.3 Farbcodierte Duplexsonographie als Untersuchungsmethode
- 6.4 Verträglichkeit und Nebenwirkungen der untersuchten niedermolekularen Heparine
- 6.5 Wirksamkeit der untersuchten niedermolekularen Heparine

7 **Zusammenfassung**

8 **Abkürzungsverzeichnis**

9 **Literaturverzeichnis**

10 **Anhang**
- 10.1 Antrag an die Ethikkommission und Studiendesign
- 10.2 Aufklärungsbogen
- 10.3 Erfassungsbogen
- 10.4 Applikationsschema

11 **Lebenslauf**

12 **Danksagung**

›Papier ist geduldig‹ hört man oft, wenn sich des Menschen ›Logorrhoe‹ auch noch auf dem Papier manifestiert. Die Geduld von Dissertationspapier wird sicherlich noch ein gutes Stück größer sein, und die Realität zeigt, dass die wenigsten Dissertationen von ihren Gutachtern lückenlos von Anfang bis Ende gelesen werden. Dennoch sollte man als Ziel eine möglichst knappe, aber vollständige und vor allem sorgfältig bearbeitete Dissertation anstreben. Dissertationen, die von strengen Gutachtern ***gestoppt*** werden, sind (neben konzeptionellen Fehlgriffen) in der Regel jene, die durch ***wiederholte Fehler*** nicht nur die Geduld des Papiers, sondern auch die des Gutachters übers Maß strapaziert haben. Wer die Grundregeln der wissenschaftlichen Integrität beachtet, kann nicht nur guten Gewissens dem Begutachtungsprozess entgegenblicken, sondern spart sich auch die mühevolle und zeitraubende Arbeit einer Revision und kann diesen Leitfaden dann getrost ins Bücherregal zurückstellen. Das abschließende Urteil des Doktorvaters ist dann schon so gut wie sicher: ***Well done!***

Privatdozent Dr. med. J. Wolfgang Janni
ist klinischer Oberarzt und leitete viele Jahre ein universitäres Forschungslabor. Seine Erfahrungen, wissenschaftliche Projekte zu planen, effizient durchzuführen und erfolgreich zu publizieren, sind in diesem Leitfaden zusammengefasst und können jungen Wissenschaftlern eine wertvolle Hilfe sein.

Professor Dr. med. Klaus Friese
ist Ärztlicher Direktor der I. Frauenklinik Innenstadt der Ludwig-Maximilians-Universität München. Seine Forschungsschwerpunkte betreffen die Infektiologie und Onkologie. In seiner Eigenschaft als Editor für zahlreiche Fachzeitschriften ist er regelmäßig mit der Beurteilung wissenschaftlicher Artikel befasst.